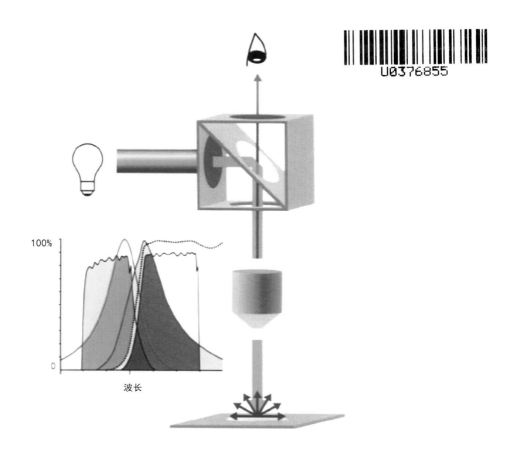

波长

图2-2 落射荧光显微镜

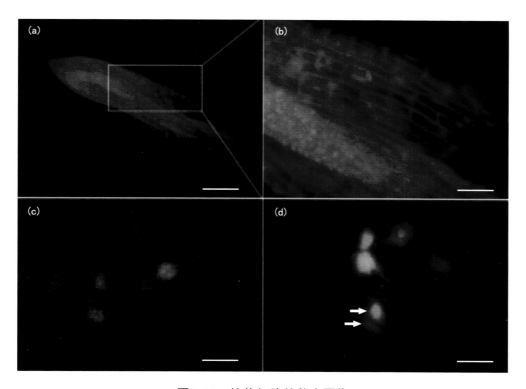

(a)

(b)

(c)

(d)

图2-10 植物细胞的荧光图像

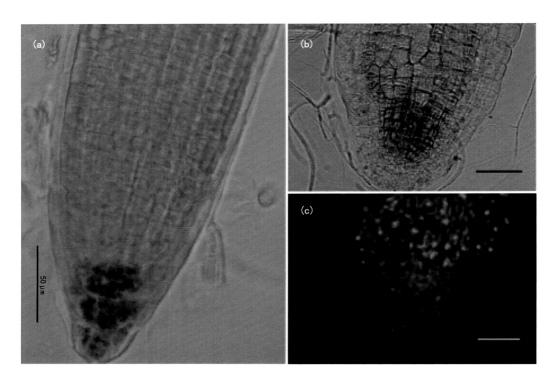

图4-26　拟南芥根端的根冠层外观

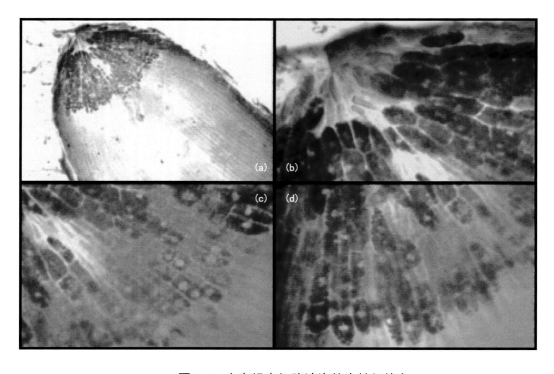

图9-4　小麦根尖细胞液泡的中性红染色

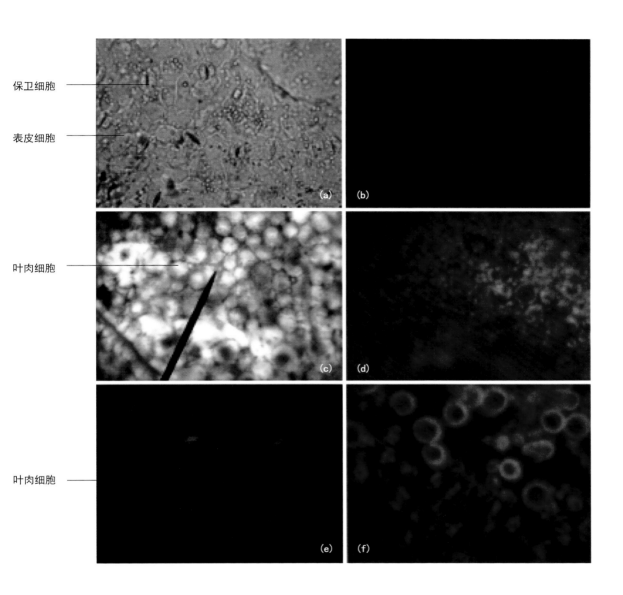

图10-2 菠菜叶片各类型细胞的显微图像

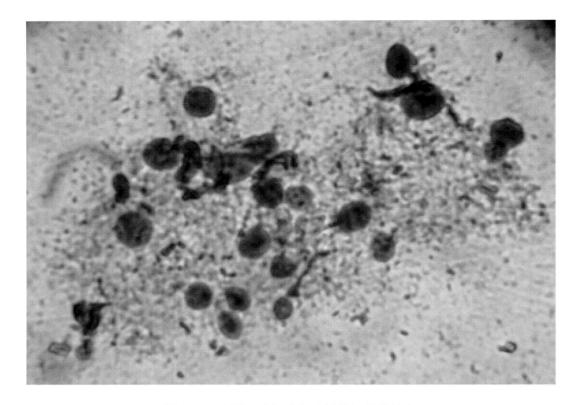

图11-2 小鼠肝脏细胞细胞核的姬姆萨染色

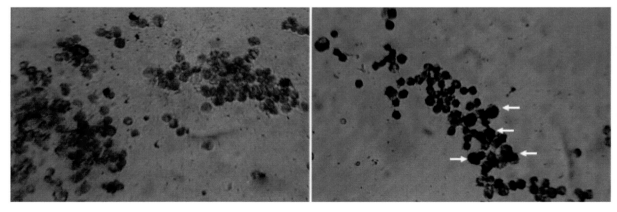

(a) 对照组 （b） 实验组

图12-2 巨噬细胞酸性磷酸酶的酶化学染色

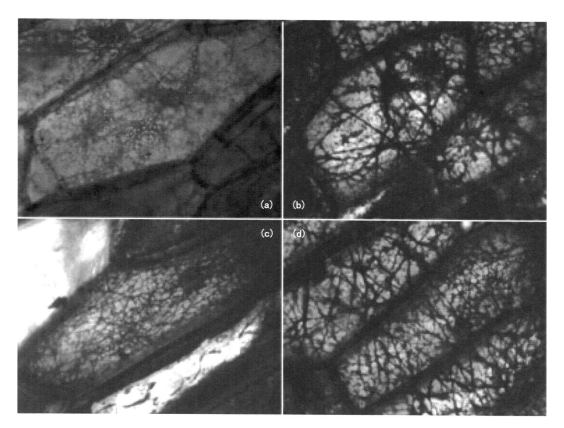

图13-2　洋葱鳞茎内表皮细胞内的细胞骨架考马斯亮蓝染色

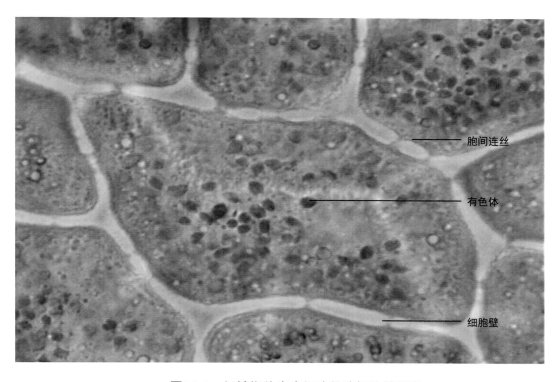

图14-1　红辣椒外表皮细胞的胞间连丝观察

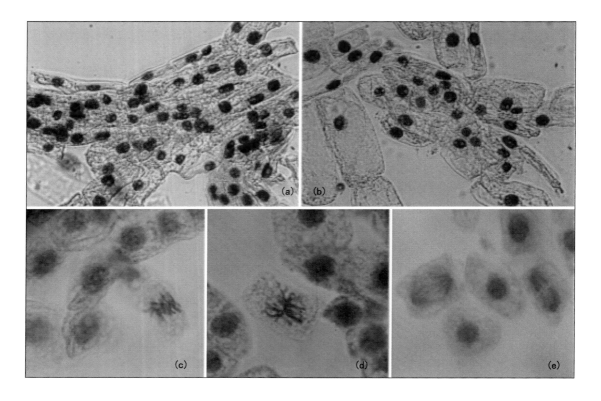

图15-2　洋葱根尖细胞DNA孚尔根染色观察

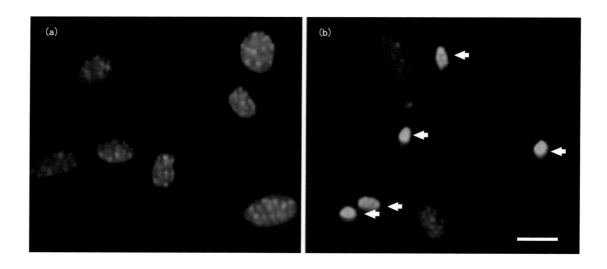

图16-2　HeLa细胞凋亡的DAPI染色

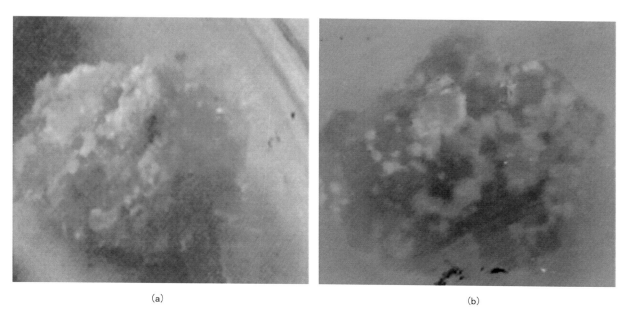

(a)
(b)

图17-1　叶片愈伤组织的诱导及其分化

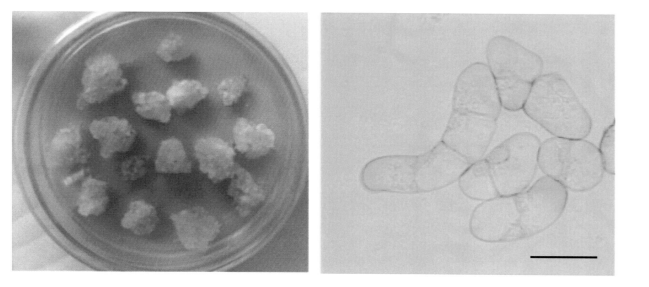

图18-1　BY-2细胞的愈伤组织和液体培养的细胞（Bar=200μm）

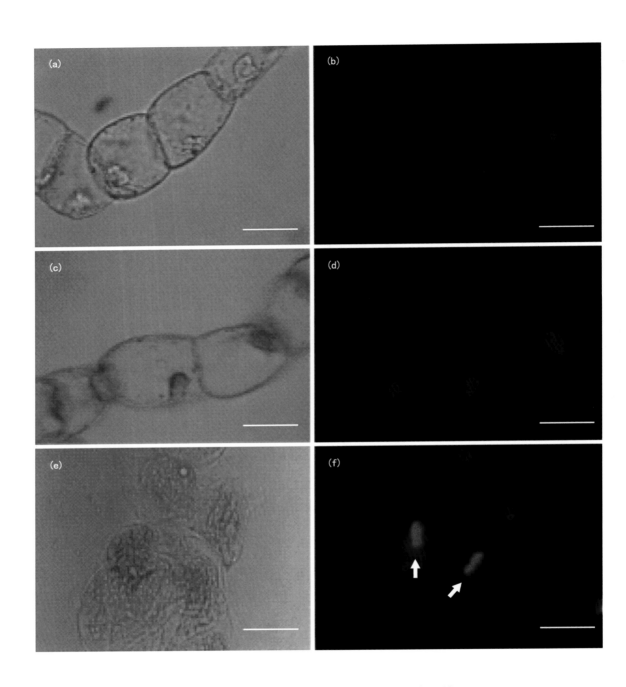

图18-4　G₁、G₂、M期细胞核的动态图片

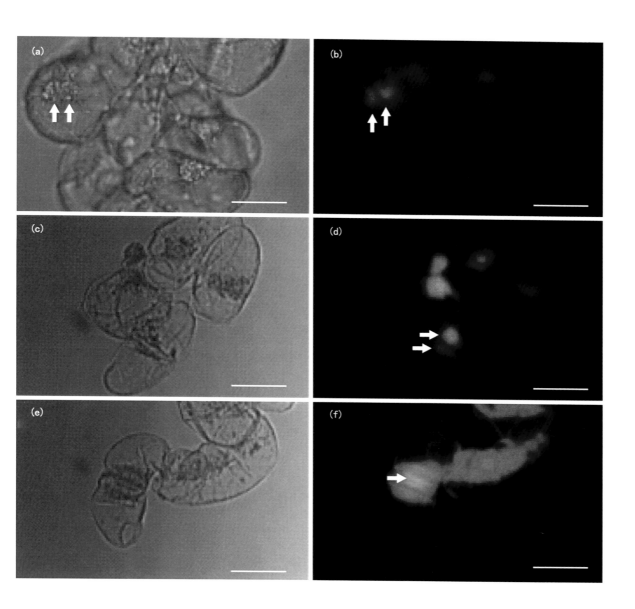

图18-5 有丝分裂中期到胞质分裂期的细胞核结构图

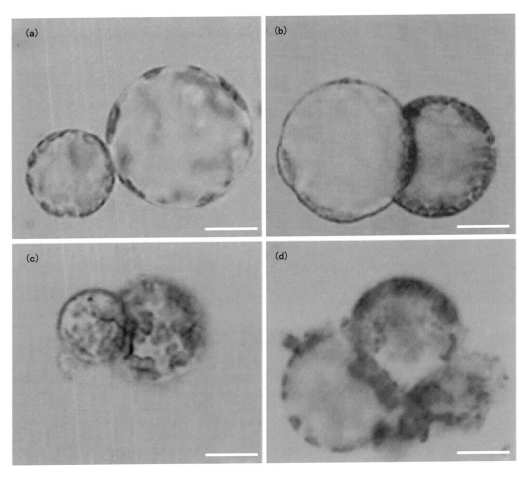

图19-1　分离的烟草叶肉原生质体及其融合过程

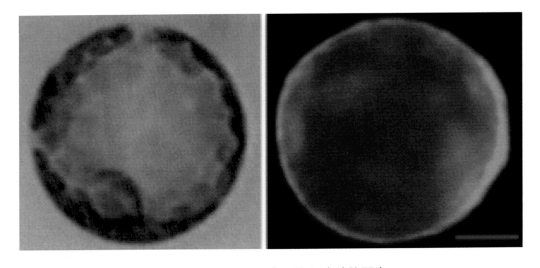

图19-2　烟草叶肉原生质体细胞壁的再生

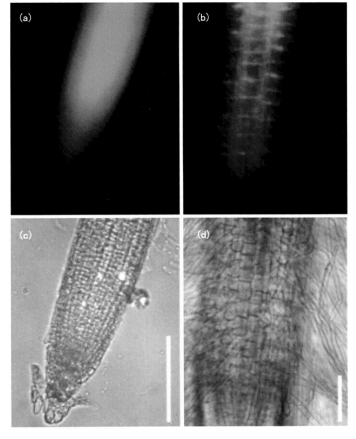

图25-3 actin在拟南芥根伸长区和成熟区的荧光分布

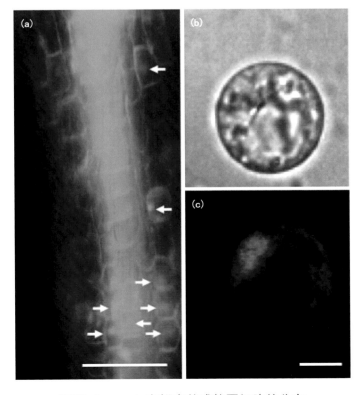

图25-4 actin在拟南芥成熟区细胞的分布

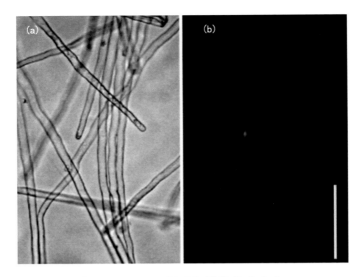

图25-5　actin根毛细胞的荧光分布

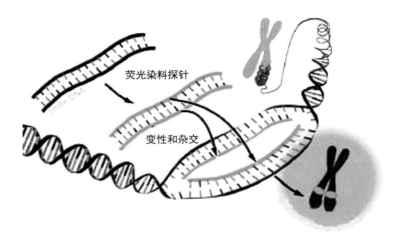

荧光染料探针

变性和杂交

图27-1　探针标记原理与荧光杂交信号检测原理

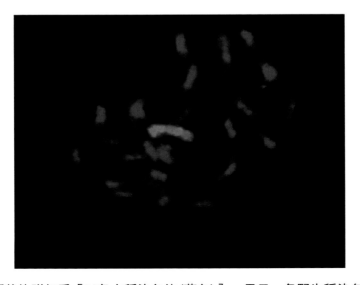

图27-2　异源单体附加系［24条水稻染色体(蓝色)］，显示一条野生稻染色体(红色荧光)

普通高等教育"十二五"规划教材
国家级实验教学示范中心系列实验教材
本书荣获中国石油和化学工业优秀教材奖二等奖

图解细胞生物学
实验教程

余光辉　主编　　龚汉雨　副主编

化学工业出版社
·北京·

本教程包括显微镜的使用，主要细胞器的观察，细胞培养方面的技术和方法及细胞遗传方面的经典实验等方面内容，力求用图解方法将实验过程的每一步骤详细展示，使操作过程可视化，清晰，简洁，便于学生按图索骥。内容涉及 30 个细胞生物学的基础实验和综合实验，其中，基础性实验能够满足不同的学校教学学时的实际教学需要；提高性的综合性实验可以帮助同学进行创新课题的研究。

　　本书对实验的设计对本科生乃至研究生的实验操作以及技能培养都有参考意义。

图书在版编目（CIP）数据

图解细胞生物学实验教程/余光辉主编 . —北京：化学工业出版社，2013.1（2021.9 重印）
　普通高等教育"十二五"规划教材
　国家级实验教学示范中心系列实验教材
　ISBN 978-7-122-15857-4

　Ⅰ．①图… Ⅱ．①余… Ⅲ．①细胞生物学-实验-高等学校-教材 Ⅳ．①Q2-33

中国版本图书馆 CIP 数据核字（2012）第 274857 号

责任编辑：赵玉清　　　　　　　　文字编辑：周　偈
责任校对：吴　静　　　　　　　　装帧设计：刘丽华

出版发行：化学工业出版社（北京市东城区青年湖南街 13 号　邮政编码 100011）
印　　装：北京虎彩文化传播有限公司
787mm×1092mm　1/16　印张 11¼　彩插 6　字数 255 千字　2021 年 9 月北京第 1 版第 8 次印刷

购书咨询：010-64518888　　售后服务：010-64518899
网　　址：http://www.cip.com.cn
凡购买本书，如有缺损质量问题，本社销售中心负责调换。

定　价：30.00 元

《图解细胞生物学实验教程》
编写人员名单

主　　编　余光辉
副主编　龚汉雨
主　　审　刘学群
编　　者　王春台　龚汉雨　覃　瑞　程旺元　李　刚
　　　　　刘江东　何玉池　覃永华　史银连　王朝元
　　　　　徐　鑫　阎春兰　李　劲　余光辉

序

　　《国家中长期教育改革和发展规划纲要（2010—2020年）》明确提出提高人才培养质量是高校的中心工作。在深化教学改革中，要加强实验室、校内外实习基地、课程教材等基本建设。在教育部第三批高等学校特色专业"中南民族大学生物技术"建设项目（TS11015）和湖北省教育厅生物技术品牌专业的支持和资助下，以余光辉博士为负责人的细胞生物学教学和研究团队对多年来细胞生物学实验教学的经验进行了系统总结，将其凝练成该实验教材。《图解细胞生物学实验教程》的出版，是对细胞生物学实验教学的一种很好的探索和尝试。

　　教材安排的实验内容丰富而又层次分明，便于使用者根据不同课时要求安排教学内容。该实验教程包含了四个方面的内容：①显微镜的使用。显微镜是研究细胞的重要工具，其正确、规范使用对养成良好科研习惯和素养起着重要的作用。围绕这一主题，编写人员设计了相关的实验，以使学生得到基本的技能训练。②基础实验部分。教材安排了尽可能多的对细胞器观察的实验，涵盖了几乎所有的细胞结构，有助于学生对细胞结构和功能的认识。③细胞培养部分。教材设计了多种细胞培养的实验，包括植物组织培养、鸡胚细胞的原代培养、成骨细胞的分离和培养、细胞的冻存和复苏以及细胞融合实验等，有助于学生动手能力的培养和实验技能的提高。④技能提高部分。教材的设计紧跟科学研究的前沿，安排了绿色荧光蛋白标记的转基因、荧光原位杂交和杂交信号检测、去壁低渗火焰干燥法制备植物染色体标本等实验，既有利于提高本科生的科研能力，也为研究生从事研究提供了技术参考。

　　细读该书，可见其特色有三：一是用图解方法详细展示了实验过程的每一步骤，使操作过程简洁明了，便于学生操作，目前，在实验类教材中，图解类的编辑模式尚属少见，该教材在这方面进行了有益的尝试；二是编写人员匠心独运，对实验的背景和结果配备了精美的插图，更为直观地将有关知识展示给学生，使其在有限的时间内快速理解和掌握；三是实验的图片来源于编写人员的教学和科研成果，有感而发，极具针对性，相信对组织实验教学和提高教学质量大有裨益。

　　总之，《图解细胞生物学实验教程》的编写特色鲜明，实验内容丰富，实验操作步骤清晰，图片整理规范，易读易懂，是一本不错的实验教学指导用书。我很高兴将此书推荐给读者，是为序。

2012年9月于武汉大学珞珈山

前　言

　　学生基本实验技能的培养是循序渐进的过程。一本好的实验教材对实验技能的养成大有裨益。本教材是在《细胞生物学实验讲义》（中南民族大学自编教材）的基础上，经过生物技术和生物工程专业、药学、药剂专业等的 5 年试用，历经多次修改和完善，交至出版社作为正式教材出版。该实验教材适用于生物类各专业的本科教学以及研究生的基础实验。在教材的试用和完善过程中，中南民族大学细胞生物学教学和科研团队的各位老师对实验教材的起草和完善倾注了心血；在实验讲义使用过程中，王春台、程旺元、龚汉雨、刘虹、李劲等老师为讲义的完善和修改付出了大量的努力；覃瑞、李刚等老师为教材补充了丰富的内容，在此作者深表谢意。

　　本书的每一个实验，都凝集了编写人员教学实践的经验和心得，只要按照教材的每一步骤认真操作，都能得到满意的实验结果。本教材设计了细胞生物学的基础实验，还开设相当数量的综合实验，可独立于细胞生物学课程理论教学。本教材的编写，体现了如下的教学思想和理念：在注重学生基本实验技能的培养和训练的同时，又注重对学生综合科研能力的培养；在基础实验中，注重实验操作的细节，注重动手能力，注重实验过程的质量监督；在综合性实验中，注重探索以问题解决为核心的细胞生物学的教学实践，注重学生科研训练为导向的科研能力的培养。

　　"纸上得来终觉浅，绝知此事要躬行"。本教材的出版，可为本科以及研究生的细胞生物学实验提供规范的操作。在书稿出版之际，非常感谢教育部第三批高等学校特色专业（中南民族大学生物技术）建设项目（TS11015）和湖北省教育厅生物技术品牌专业建设项目对教材出版的经费支持；非常感谢武汉大学孙蒙祥教授（973 首席科学家，中国细胞生物学学会理事，湖北省细胞生物学学会副理事长）在百忙之中为本书出版作序；非常感谢中南民族大学刘学群教授（中国细胞生物学学会会员，湖北省细胞生物学学会理事）为本书的出版提出的宝贵修改建议，并对书稿进行了仔细的审查；感谢武汉大学刘江东博士、湖北大学何玉池博士对实验的部分章节进行了仔细修改和校对；也非常感谢化学工业出版社为本书的顺利出版所做的大量细致工作。最后，感谢为书稿完善做出贡献的赵丽、向文豪两位研究生，他们对书稿整理和通稿校对做出了无私奉献。在本书编写和完善过程中，参考了国内外相关的细胞生物学实验教学的内容，对于有参考来源的文献都做了逐一引注；一些内容来源于网络资源，未能查到原始出处的，我们向无名的编写者表示衷心感谢。

　　受限于作者的知识和经验，教材中的不妥和疏漏之处在所难免，恳请读者提出建议和批评。

2012 年 9 月于中南民族大学南湖畔

目　录

显微仪器篇

"工欲善其事，必先利其器"。显微镜之于细胞生物学，犹如天文望远镜之于天文学。细胞生物学的发生发展，相伴于显微技术的革新和发明。

【实验一】 光学显微镜的使用及生物绘图法练习

实验目的

1. 了解显微镜的构造和各部件功能，掌握显微镜的正确使用方法和保养措施。
2. 掌握简易临时玻片的制作方法和生物绘图方法。

课前预习

1. 什么是分辨率？分辨率跟哪些因素有关？提高显微镜分辨率的措施有哪些？
2. 了解普通光学显微镜的成像原理和操作的注意事项。

注意：课前预习要求：将课前预习题目的答案写在活页纸上，进实验室时交给老师。

实验原理

光学显微镜的结构、成像原理及使用方法介绍。

一、显微镜的分类

现代显微镜可以分为光学显微镜和非光学显微镜两大类，这两类显微镜又可根据不同特点分成若干类型（图 1-1）。

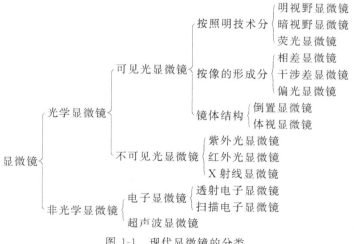

图 1-1　现代显微镜的分类

二、普通光学显微镜的基本结构

普通光学显微镜是细胞生物学实验中最常用到的显微镜。不同型号的显微镜基本构造相似，都是由机械装置和光学系统两部分组成。机械装置由镜座、镜筒、镜臂、物镜转换器、载物台、标本移动螺旋、粗调螺旋和微调螺旋等部件组成；光学系统由目镜、物镜、聚光器、光源、滤光片和虹彩光圈等组成（图 1-2）。

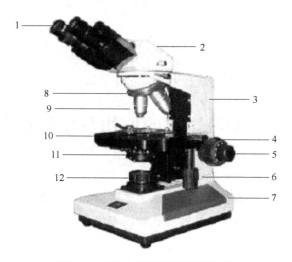

图 1-2 普通光学显微镜的结构图

1—目镜；2—镜筒；3—镜臂；4—粗调螺旋；5—微调螺旋；6—标本移动螺旋；
7—底座；8—接物镜及转换盘；9—物镜；10—载物台；11—聚光镜（器）；12—光源

三、显微成像的光学原理

光路：光源→虹彩光阑→聚光镜→通光孔→标本（一定要透明）→物镜→镜筒→目镜→眼睛（图 1-3）。

从成像原理看，物镜在成像过程中起主要作用，因此，物镜质量的优劣直接影响成像的清晰程度。目镜只不过是放大物镜所成的像，而不能增加成像的清晰度。

聚光镜（器）的作用是集中反光镜反射的光线，使光线会聚成较强的光束。升降聚光镜（器），可调节焦点。聚光器上还附有光圈，用以调节进入物镜的光量。

> **注意**：视野中清晰的图像，通常需要粗调螺旋、微调螺旋和聚光镜（器）的完美调节和配合，有时还需要用光圈来调节光线强弱（图 1-2 中的 4、5、11 结构）。在显微镜实际操作中请一定熟悉这些结构，并形成自觉习惯。

在使用显微镜前，尤其是显微照相前，应进行合轴调节或中心调节。也就是使目镜、物镜、聚光镜的主光轴和可变光阑的中心点重合在一条直线上。如果光轴不在一条直线上，会使像差增加，亮度降低，图像模糊。合轴调节的操作见附录 1。

四、认识物镜镜头及数值标注

基于物镜的重要性，需对此做深入了解。物镜安装在镜筒下端

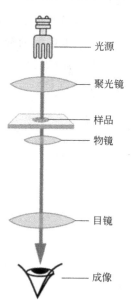

图 1-3 显微镜的
光学原理图

的转换器上，又称接物镜。其作用是将物体作第一次放大，是决定成像质量和分辨能力的核心光学部件。物镜上通常标有数值孔径❶、放大倍数、镜筒长度、焦距等有关数值，这些参数的概念见附录 2 和附录 3。如 NA 0.30；10×；160/0.17；16mm。其中"NA 0.30"表示数值孔径（numerical aperture，NA），"10×"表示放大倍数，"160/0.17"分别表示镜筒长度和所需盖玻片厚度（mm），"16mm"表示焦距。

不同规格的物镜型号和规格名目繁多，大致有以下四种分类方式。

1. 按色差校正程度分类

① 一般消色差物镜：这是最常见的物镜，尽管各厂家的标示不一样，但一般都有"Ach"字样。

② 平场消色差物镜：一般这种物镜标有 PLAN 字样，这种物镜的视场平坦，非常适合显微照相，观察起来也比较舒适。

③ 半复消色差物镜：一般带有 FL 字样，能校正红、蓝两色的色差和球差。这种物镜可用于荧光观察等，是比较高级的物镜。

④ 复消色差物镜：标有 APO 字样，是观察和显微照相用的一流物镜，它们的性能只受物理定律的限制。该物镜具有优良的修正性和极高的数值孔径，所以在观察和显微照相术方面具有最大的分辨率、色彩纯度、对比度以及图像平直度。如奥林巴斯 UPLAN SA-PO 100X/1.40 OIL 物镜。

2. 按功能分类

① 相差物镜：用来观察无色透明的标本或活细胞，在倒置显微镜上广泛使用，一般带有 PH 标志，且字体用绿色。

② DIC 物镜：用做 DIC 的物镜，用来观察无色样品或活细胞，一般要求半复消色差物镜。

③ HMC 物镜：标有 HMC 标志，一种类似相差物镜的物镜，观察效果立体感比较强，但不能用于荧光观察。

④ 偏光物镜：一般标有 POL 字样，这种物镜配备了克服应力的设备，是专做偏光的物镜。

⑤ 多功能物镜：有的厂家生产一种多功能物镜，比如可以同时做相差、DIC、荧光等，这种物镜要稍微贵些。一般带有 U 标志，比如奥林巴斯的"UPLFLN"物镜和蔡司的"EC PLAN-NEOFLUAR"系列物镜。

3. 按工作距离分类

① 普通物镜：工作距离可以看切片，但不能看培养皿。

② 长工作距离物镜：一般有 LD 标志，例如奥林巴斯的 LUCPLFLN-PH 物镜和蔡司的 LD-A-PLAN PH 物镜，此类物镜可以用于培养皿、培养瓶等容器的观察。工作距离高至 10.6mm，并可以进行光学修正，适用于 0～2mm 厚度的盖玻璃，通常由修正环或特殊

❶ 显微镜的分辨率：也称为分辨力，它是指能把两个物点辨清的最小距离，分辨距离越大，则分辨率越低。所以，分辨率是以分辨距离来表示的。其计算公式为：$D=0.61\lambda/NA$，$NA=n\sin(a/2)$，式中 D 为分辨率，λ 为光波波长，NA 为物镜的数值孔径（镜口率），n 物体与物镜间介质的折射率，$a/2$ 指物镜孔径角的一半。

的玻璃盖帽完成修正。

4. 特殊用途物镜

① 浸液物镜（浸油、水或其他化合物）可以增加数值孔径，提高物镜的分辨力。荧光显微镜中常用 40 倍或 60 倍数值孔径为 1.30 的浸液物镜，以增强收集荧光的能力。通常的物镜适用于 0.17mm 厚度的盖玻片，但实际上盖玻片的厚度变动于 0.15～0.22mm 之间，易造成像差，因而有些物镜上装置了"校正环"用来补偿盖玻片厚度的变化（图 1-4）。

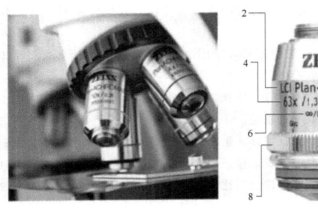

图 1-4　显微镜的物镜组合和数值标示

1—标识物镜的生产厂家；2—平场校正；3—半复消色差物镜和特殊的光学性能如微分干涉差显微镜（DIC）；
4—横向放大倍数；5—盖玻片厚度；6—镜筒长度；7—放大倍数颜色代码标识；8—校正环；9—浸液物镜颜色标识

水浸式物镜：一般有 W 标志，这些水浸式物镜同直立显微镜一起主要应用于生理学，如脑片等较厚样品的观察。奥林巴斯 XLUMPLFL20×W 和蔡司 ACHROPLAN 40×W 都是水浸式物镜。

② TIRF 用专用物镜：要求数值孔径要大，NA 一般在 1.45 到 1.65。如 NIKON 公司的 APO TIRF 60×1.49 物镜。

③ 超级荧光物镜：这种物镜的荧光透过率非常高，物镜用于对离子位移进行定性和定量的分析以及用于特别关键的荧光技术（如人染色体的研究以及细胞遗传学）。这些物镜的突出特点是它们对 340nm 波长的光有特别高的数值孔径和高传输率（340nm 时约为 70%），视场平直足可以使用 CCD 相机。如蔡司的 FLUAR 20×物镜。

物镜的其他知识介绍见附录 2、附录 3。

实验材料、用品

显微镜、洋葱鳞茎、擦镜纸、镊子、小剪刀、载玻片、盖玻片、解剖针、表面皿、吸水纸、碘液、清水、香柏油和二甲苯。

实验步骤

一、练习显微镜的规范操作

（一）显微镜使用操作规程

显微镜的放置	1. 位置：镜座距实验台边缘为 3～4cm。
	2. 要求一：取、放显微镜时应右手握住镜臂，左手托住底座。
	忌单手拎提显微镜。
	3. 要求二：镜检者姿势要端正。
	4. 要求三：双眼同时睁开观察物像。
	有助于减少眼睛疲劳，便于边观察边绘图或做记录。
低倍显微镜使用方法	1. 接通电源，打开光源开关。
	2. 放玻片于载物台，用玻片夹夹住；调节标本移动螺旋，使观察的目的物处于物镜的正下方。
	3. 调节粗调螺旋，使物镜（10×）与标本靠近。
	注意：要注视物镜，防止物镜、载玻片碰撞。
调节微调螺旋时要注意旋转方向与载物台上升或下降的关系，防止镜头与载玻片强力接触，而损坏镜头或载玻片。	4. 睁开双眼向目镜里面观察。
	注意：微调螺旋和聚光器的使用，以获得清晰的图像。
	5. 通过标本移动螺旋慢慢移动玻片，认真观察标本各部分。
	6. 寻找合适目的物，仔细观察并绘图或记录所观察到的结果。
高倍显微镜使用方法	旋动物镜转换器，换高倍镜观察。
情况 1	如果高倍镜触及载玻片应立即停止旋动，这说明原来低倍镜的焦距并没有调准，目的物并没有真正找到，必须换用低倍镜重新调节。
情况 2	如果高倍镜下观察目的物有点模糊，调节微调螺旋，直到视野清晰。
情况 3	如果使用高倍镜仍未能看清目的物，可换用油镜观察。先用低倍镜和高倍镜检查标本装片，将目的物移到视野正中央。
油镜物镜使用方法	1. 在载玻片上滴一滴香柏油。
	2. 将油镜头移至正中央，缓慢调节粗调螺旋使油镜头浸没在油中，刚好贴近载玻片。

	3. 再用微调螺旋微微向上调至能看清目的物为止。
	切忌此时不要再动粗准焦螺旋。
油镜物镜保养	1. 油镜观察完毕，用油镜纸将镜头上的油揩净。
	2. 用擦镜纸蘸少许酒精或乙醚揩拭镜头，再用擦镜纸揩干。
	特别注意： 应特别注意不要快速地下降镜头，不能用力过猛，以免损坏镜头及载玻片。
更换载玻片	1. 观察完一个标本需更换另一标本时，需先将高倍物镜（或油镜）转换到低倍物镜，取出标本。
	2. 将新玻片用玻片夹夹好，重复上述步骤即可观察。
	严禁在高倍物镜（或油镜）下换片，因为高倍物镜和玻片间距离太近，容易发生碰撞。
显微镜使用后整理	1. 观察结束后，调节光源到最小再关掉电源开关，拔出电源插头。
	2. 再调节粗调螺旋，使载物台下降到最低。
	3. 取下玻片，用擦镜纸蘸取几滴酒精或乙醚将镜头擦干净。
	4. 罩上防尘罩，然后放回原处。
	5. 在记录本上登记本次实验的时间、课程、具体实验、使用人姓名和显微镜是否完好等。

（二）用"上"字制片进行下列操作练习

用"上"字制片在低倍物镜下观察，掌握对光和聚焦器的使用方法。找到观察的物象后，用聚焦器把物像调节到最清晰程度。验证一下放大的物像是否为倒像？把制片向左和向右移动，物像移动的方向是否与制片移动的方向一致？为什么？你看到的"上"字制片的图像和图 1-5 一样吗？

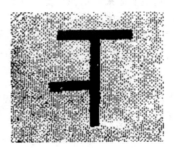

图 1-5　显微镜下的"上"字图像

思考：
1. 聚焦器似乎是一个新的名词，思考一下聚焦器指的是显微镜上的哪些部件和结构？
2. 请思考"上"字制片和其在显微镜下呈现的图像（图 1-5）是一种什么样的对称结构？

（三）正确区别显微镜下的气泡和细胞结构

在载玻片上滴一滴稀胶水，用解剖针搅拌使其产生小气泡，加盖玻片后在显微镜下观察。在显微镜下看到的气泡，其外围为一黑圈，中间为明亮部分。应记住气泡在显微镜下的形象，在以后的实验中，不要把气泡误认为细胞或组织中的结构。

思考： 试解释为什么显微镜下观察到的气泡周围是黑圈呢？

二、洋葱鳞茎内表皮细胞临时装片制作

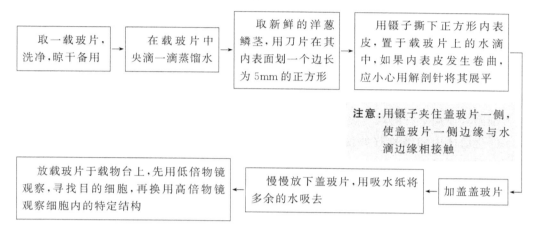

三、生物绘图法的介绍与练习

（一）生物绘图三要点

生物绘图是形象描述生物外部形态和内部结构的一种重要的科学记录方法。在实验报告和科学研究中常用生物绘图法来反映生物的形态结构特征。在细胞生物学基础实验中，生物绘图的方法是一项最基本的实验技能。其步骤和要求分为如下几点。

细心观察	绘图前要对被画的对象（植物细胞、组织、器官以及外形等）细心观察，选择有代表性的、典型的部位起稿。
勾画轮廓	1. 将绘图纸放在显微镜的右方，左眼观察显微镜图像，右眼看绘图纸绘图。
	2. 绘图起草时先用较软的 HB 铅笔，将所观察对象的整体和主要部分轻轻描绘在绘图纸上。
	3. 勾画轮廓要注意位置、大小，下笔要轻，尽量少改不擦。
定稿完成	1. 对照所观察的实物，全面检查起稿的草图，进行修正和补充。
	2. 用硬铅笔（2H 或 3H）将草图画出来，擦去草图中的多余线条。
绘图的点线要求	1. 线条要均匀，不可时粗时细。
	2. 线条边缘要圆润、光滑，不可有深浅和虚实的区别。
	3. "点点衬阴"法突显图像的立体感，更富有形象和生动性。

粗密点用来表示背光、凹陷或色彩浓重的部位。
细疏点用来表示受光面或色彩淡的部位。

4. 点点要圆，用笔尖垂直向下打点。

5. 根据明暗需要掌握点的疏密变化。

 生物绘图不同于美术画，切忌采用艺术画的写生画法，不可涂抹成阴影

（二）实践练习

根据上述要求，绘制洋葱鳞茎内表皮细胞的结构图。

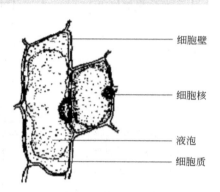

图 1-6　洋葱鳞茎内
表皮细胞结构简图

- 细胞壁要用平行的双线表示出。
- 原生质体内的结构（如细胞质、细胞核等）要用不同疏密的小点表示。
- 一般情况下不要用颜色铅笔或普通铅笔涂抹代替小点。
- 细胞与其他细胞相连接处要画出一些来，以表示所画的细胞不是孤立的（图1-6）。

 注意事项

一、显微镜使用注意事项

1. 任何旋钮转动有困难时，绝不能用力过大，而应查明原因，排除障碍。如果自己不能解决时，要向指导教师说明，帮助解决。

2. 保持显微镜镜头的清洁，尽量避免灰尘落到镜头上，否则容易磨损镜头。

3. 必须尽量避免试剂或溶液沾污或滴到显微镜上，这些都能损坏显微镜。

4. 高倍物镜很容易被染料或试剂沾污，如被沾污时，应立即用擦镜纸擦拭干净；显微镜用过后，应用清洁棉布轻轻擦拭（不包括物镜和目镜镜头）。

5. 要保护物镜、目镜和聚光器中的透镜。

注意：

【光学玻璃比一般玻璃的硬度小，易于损伤】

（1）擦拭光学透镜时，只能用专用的擦镜纸，不能用棉花、棉布或其他物品擦拭。

（2）擦时要先将擦镜纸折叠为几折（不少于四折），从一个方向轻轻擦拭镜头，每擦一次，擦镜纸就要折叠一次。

（3）绕着物镜或目镜的轴旋转轻轻擦拭，如不按上述方式擦拭，落在镜头上的灰尘很容易损伤透镜，出现一条条的划痕。

6. 每次实验结束时，应将物镜转成八字形垂于镜筒下，以免物镜镜头下落与聚光器相碰撞。也可用清洁的白纱布，垫于镜台与物镜之间。

二、生物绘图注意事项

1. 工具准备：HB、2H 或 3H 铅笔一支（一般用 2H 铅笔为宜），直尺，橡皮擦，实

验报告纸。

 不能用钢笔、软铅笔、圆珠笔、有色铅笔绘图。

2. 图纸划分

① 对绘图内容做合理布局，先把实验题目写在纸的正中上方，姓名、日期依次填上。

② 每图位置大小配置适宜，一般画在靠近中央稍偏左方。

③ 性质相同的图放在一处。

④ 只绘一个图就放在纸的当中，两图则各处于纸的上下方，右侧留出注字的空挡，左侧留出装订的边缘，做到"图文并茂"。

3. 绘制图形

① 观察结果，选出正常的典型的部分作图，一般尽可能把图画大一点，细胞图画2～3个细胞即可，画器官画出 1/2、1/4、1/6 和 1/8 部分即可。

② 先用 HB 铅笔勾出轮廓，再用 2H 铅笔将准确的线条画出。线条要清晰，比例要准确。

③ 较长的线条要向顺手的方向运笔，或把纸转动再画。

④ 注重比例正确、科学和真实。

⑤ 图上只用线条和圆点表示明暗，不可涂黑衬托阴影。

⑥ 线条光滑、洁净、清晰，一条线要粗细均匀，中间不要开叉或者断线，线条不能涂抹。

⑦ 绘图要正确，观察时要把混杂物、细胞破损、重叠等现象区别清楚，不要把这些杂物绘上。

思考题

1. 为什么在显微镜下观察气泡时，会有黑圈出现？

2. 显微镜的构造分哪几部分？各部分有什么作用？

3. 反复练习使用低倍镜及高倍接物镜观察切片，使用时应特别注意什么问题？

4. 如何计算显微镜的放大倍数？你现在所用的显微镜可以放大多少倍？

5. 使用显微镜后，应做好哪些保养工作？

参考文献

[1] 陈誉华主编. 医学细胞生物学. 北京：人民卫生出版社，2008.

[2] Lodish H，Berk A，Kaiser C A，et al. Molecular Cell Biology. 6th ed. New York：W H Freeman and Company，2007.

[3] 丁明孝，苏都莫日根，王喜忠，邹方东主编. 细胞生物学实验指南. 北京：高等教育出版社，2009.

【实验二】荧光显微镜的操作和使用

实验目的

1. 了解荧光显微镜的工作原理。

2. 学会荧光显微镜使用的基本方法。

 课前预习

1. 荧光显微镜与普通光学显微镜相比，最主要的区别是什么？

2. 荧光显微镜使用中对物镜、目镜有什么特殊要求？

 实验原理

一、荧光显微镜的结构和主要部件

荧光显微镜是免疫荧光细胞化学的基本工具。它由光源、滤色系统和光学系统等主要部件组成。是利用一定波长的光激发标本发射荧光，通过物镜和目镜系统放大以观察标本的荧光图像（图 2-1）。

（一）光源

以 100W 或 200W 的超高压汞灯作光源。它是用石英玻璃制作，中间呈球形，内充一定数量的汞，工作时两个电极间放电，引起水银蒸发，球内气压迅速升高，当水银完全蒸发时，可达 50～70atm❶，这一过程一般需 5～15min。超高压汞灯的发光是电极间放电使水银分子不断解离和还原过程中发射光量子的结果。它发射很强的紫外和蓝紫光，足以激发各类荧光物质，因此，为荧光显微镜普遍采用。

（二）滤色系统

滤色系统是荧光显微镜的重要部件，由激发滤板和压制滤板组成。滤板一般都以基本色调命名，前面字母代表色调，后面字母代表玻璃，数字代表型号特点。如德国产品（Schott）BG12，就是一种蓝色玻璃，B 是蓝色的第一个字母，G 是玻璃的第一个字母。

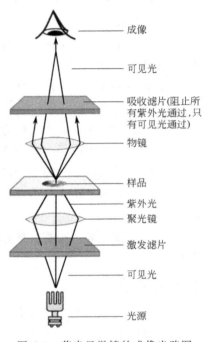

图 2-1　荧光显微镜的成像光路图

1. 激发滤板

根据光源和荧光色素的特点，可选以下三类激发滤板，提供一定波长范围的激发光。

（1）紫外光激发滤板　此滤板可使 400nm 以下的紫外光透过，阻挡 400nm 以上的可见光通过。常用型号为 UG-1 或 UG-5，外加一块 BG-38，以除去红色尾波。

（2）紫外蓝光激发滤板　此滤板可使 300～450nm 范围内的光通过。常用型号为 ZB-2 或 ZB-3，外加 BG-38。

（3）紫蓝光激发滤板　它可使 350～490nm 的光通过，常用型号为 QB24（BG12）。

最大吸收峰在 500nm 以上的荧光素（如罗丹明色素）可用蓝绿滤板（如 B-7）激发。近年开始采用金属膜干涉滤板，由于针对性强，波长适当，因而激发效果比玻璃滤板更

---

❶ 1atm＝101325Pa。

好。如德国 Leitz 厂的 FITC 专用 KP490 滤板和罗丹明的 S546 绿色滤板，均远比玻璃滤板效果好。

2. 压制滤板

压制滤板的作用是完全阻挡激发光通过，提供相应波长范围的荧光。与激发滤板相对应，常用以下 3 种压制滤板。

（1）紫外光压制滤板　可通过可见光，阻挡紫外光通过。能与 UG-1 或 UG-5 组合。常用 GG-3K430 或 GG-6K460。

（2）紫蓝光压制滤板　能通过 510nm 以上波长的荧光（绿到红），能与 BG-12 组合。通常用 OG-4K510 或 OG-1K530。

（3）紫外紫光压制滤板　能通过 460nm 以上波长的荧光（蓝到红），可与 BG-3 组合，常用 OG-11K470AK490，K510。

（三）反光镜

反光镜的反光层一般是镀铝的，因为铝对紫外光和可见光的蓝紫区吸收少，反射达 90％以上，而银的反射只有 70％。一般使用平面反光镜。

（四）聚光器

专为荧光显微镜设计制作的聚光器是用石英玻璃或其他透紫外光的玻璃制成。分明视野聚光器和暗视野聚光器两种。还有相差荧光聚光器。

1. 明视野聚光器

在一般荧光显微镜上多用明视野聚光器，它具有聚光力强、使用方便的特点，特别适于低、中倍放大的标本观察。

2. 暗视野聚光器

暗视野聚光器在荧光显微镜中的应用日益广泛。因为激发光不直接进入物镜，因而除散射光外，激发光也不进入目镜，可以使用薄的激发滤板，增强激发光的强度。压制滤板也可以很薄，因紫外光激发时，可用无色滤板（不透过紫外）而仍然产生黑暗的背景。从而增强了荧光图像的亮度和反衬度，提高了图像的质量，观察舒适，可能发现亮视野难以分辨的细微荧光颗粒。

3. 相差荧光聚光器

相差聚光器与相差物镜配合使用，可同时进行相差和荧光联合观察，既能看到荧光图像，又能看到相差图像，有助于荧光的准确定位。一般荧光观察很少需要这种聚光器。

（五）物镜

物镜的介绍参见实验一。一般来说，各种物镜均可在荧光显微镜上应用，但最好用消色差的物镜，因其自体荧光极微且透光性能（波长范围）适合于荧光。由于图像在显微镜视野中的荧光亮度与物镜镜口率的平方成正比，而与其放大倍数成反比，所以为了提高荧光图像的亮度，应使用镜口率大的物镜。尤其在高倍放大时其影响非常明显。因此对荧光不够强的标本，应使用镜口率大的物镜，配合低倍目镜（4×、5×、6.3×等）。

（六）目镜

在荧光显微镜中多用低倍目镜，如 5× 和 6.3×。

（七）落射光装置

　　新型的落射光装置是指从光源来的光射到干涉分光滤镜后，波长短的部分（紫外和紫蓝）由于滤镜上镀膜的性质而反射，当滤镜对向光源呈 45°倾斜时，则垂直射向物镜，经物镜射向标本，使标本受到激发，这时物镜直接起聚光器的作用（图 2-2）。同时，波长长的部分（绿、黄、红等），对滤镜是可透的，因此，不向物镜方向反射，滤镜起了激发滤板作用，由于标本的荧光处在可见光长波区，可透过滤镜而到达目镜观察，荧光图像的亮度随着放大倍数增大而提高，在高放大时比透射光源强。它除具有透射式光源的功能外，更适用于不透明及半透明标本，如厚片、滤膜、菌落、组织培养标本等的直接观察。近年研制的新型荧光显微镜多采用落射光装置，称之为落射荧光显微镜（图 2-2）。

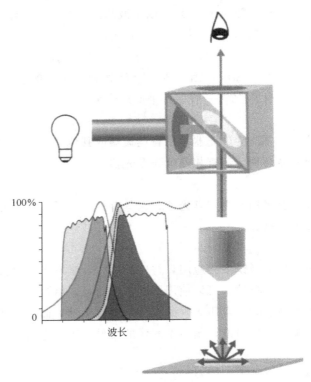

100%

0

波长

图 2-2　落射荧光显微镜（见彩插）

　　光源与显微镜的光轴垂直，光源激发一个位于光轴上的多维光源模块，该模块包括激发光滤器（ExF）、分色镜（DM）和一个发射光过滤器（EmF）。只有与激发波长相当的光（该图显示为绿光）才能通过 ExF，到达与光轴偏离 45°角的 DM 上。光线被物镜（Oj）会聚后投射到标本上。标本上相应的荧光基团被激发，并发出较长波长的荧光（该图为红光）。Oj 收集发射光（红色）以及反射的激发光（绿色）。DM 是透明的，用于收集较长波长的光，但不收集反射的激发光，其功能是一个长通道滤波器。EmF 通道滤波器是透明的，只有与发射光相当带宽的光（EmF 过滤掉干扰的短频率和长频率的光），才能到达眼睛或检测设备。通过通道滤波器（ExM、EmF）和 DM（虚线）进行的光谱分离能够使激发光（绿线）和发射光（红线）的荧光分开。DM 能够反射大多数通过 ExF（浅绿色）的光，这些光相当于荧光基团的激发波谱（绿色）。多数发射光（浅红色和红色）通过 DM。EmF 进一步阻止红光或过滤掉较低或较高波长的光通过。然而，由于 ExF、EmF 和激发、发射光谱的光谱透明度很难分开，而且在一定程度上有重叠，分开是不完全的。部分受限于 ExF 的较高波长的光可以通过 DM 和 EmF，这就增加了发射光（棕色）串扰的可能性。相似的，部分的发射光可以通过激发通道（改编自 Celis J E. Cell Biology：A Laboratory Handbook. 3rd edition. 2006）

二、常用的荧光染料

免疫荧光组织化学染色的荧光素主要有异硫氰酸荧光素、四甲基异硫氰酸罗丹明等，它们的主要光学特性如表 2-1 所示。

表 2-1　常用于免疫荧光组织化学染色的荧光素

荧光染料	最大激发波长	最大发射波长	发射荧光颜色	性质和特点
异硫氰酸荧光素（FITC）	490nm	525nm	黄绿色	FITC 性质稳定，易溶于水和乙醇，能与蛋白质结合，是检测组织细胞内蛋白质最常用的荧光探针；缺点是在光照下易淬灭，易受自发荧光影响
四甲基异硫氰酸罗丹明（TRITC）	550nm	620nm	橙红色	比 FITC 稳定性好，在生理条件下对 pH 值变化不敏感，荧光强度受自发荧光干扰小，常用于免疫荧光组织化学双重染色
四乙基罗丹明（RB200）	570nm	595～600nm	橙红色	能与细胞内蛋白质结合，不溶于水，易溶于乙醇和丙酮，性质稳定，可长期保存，广泛应用于双标记示踪染色
乙酸甲酯	505nm	530nm	绿色	其本身不发荧光，但透膜进入细胞质后，在酯酶的作用下转变为具有荧光特性的乙酸甲酯。其激发光谱有 pH 依赖性，是使用最多的细胞内 pH 荧光指示剂
Cy3	570nm	650nm	绿色或红色[①]	花青类染料，这类染料的荧光特性与传统荧光素类似，但水溶性和对光稳定性较强，荧光量子产率较高，对 pH 等环境不敏感。常用于多重染色
Cy5	649nm	680nm	红色	Cy5 的最大发射波长为 680nm，很难用裸眼观察，而且不能使用高压汞灯作为理想的激发光源，因此，使用普通荧光显微镜时，不推荐使用 Cy5。通常观察 Cy5 时需使用激光扫描共聚焦显微镜
Indo-1	330/346nm	405/485nm	紫色（405nm）或青色（485nm）	是典型的双发射荧光探针。无钙时在 485nm 左右有发射峰，结合钙后，则在 405nm 处有发射峰，两者的比值与细胞内游离钙离子浓度呈线性关系，将此比值与标准曲线相比即可得出细胞内游离钙浓度，因此，可利用此探针定量检测细胞内游离钙离子浓度

① 在绿光光谱波长激发下，Cy3 也可出现红色荧光。

三、荧光显微镜标本制作要求

荧光显微镜使用中，对观察的标本有较高的要求。其技术参数和细节参见附录 4。

🔬 实验材料、用品

取生长在 MS 培养基上 4～10 天的拟南芥植株的根，用碘化丙啶（PI，10mg/mL）染色，进行荧光观察。

注意：PI 有毒，应小心操作。

🔬 实验步骤

一、认真研读 MoticBA-400 显微镜的结构示意图，熟悉各部件的结构和功能（图 2-3）

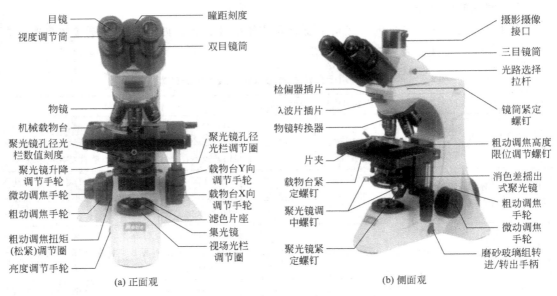

(a) 正面观　　　　　　　　　　　　　　　　(b) 侧面观

图 2-3　Motic BA-400 荧光显微镜的结构示意图

二、显微镜在使用之前，请做好调校

1. 瞳距调节 (图 2-4)

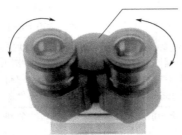

瞳距刻度

在进行瞳距调节之前，先通过 10× 物镜对样品进行调焦。

调节瞳距，使左右视场中的图像重合。

 这样的操作可使两眼同时对样品进行观察。

图 2-4　瞳距调节

2. 聚光镜居中调整 (图 2-5)

将视场光栏和孔径光栏完全打开。

采用 10× 物镜对样品进行调焦。

转动视场光栏调节圈将视场光栏关至最小。

转动聚光镜调节手轮，直到视场光栏的像清晰地呈现在样品表面上。

调节聚光镜调中螺钉，直至视场光栏像的中心与目镜视场中心重合。

视场光栏调节圈

聚光镜调中螺钉

图 2-5　聚光镜居中调整

3. 光路转换拉杆（图 2-6）

三目镜筒上的光路转换拉杆可以用来选择观察镜筒和垂直摄影摄像接口之间的光束分配比率。

→ 光路转换拉杆

> 当转换拉杆推进到位时，可使100%的光线进入观察系统。

> 当转换拉杆拉出到位时，可使观察与摄影摄像的光线比率为20：80。

图 2-6　光路转换拉杆

三、在 Motic BA-400 显微镜的基础上，配备汞灯和显微照相设备，就构成一台功能完善的荧光显微镜（图 2-7）

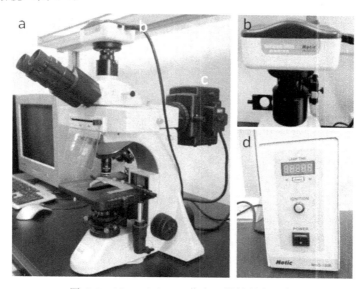

图 2-7　Motic BA-400 荧光显微镜的各组件

a. 荧光显微镜的组件；b. 显微摄像设备（CCD），通过 USB 接口与电脑连接；c. 100W 高压汞灯；d. 汞灯电源

四、动态显微摄像软件 Motic Images Advanced 3.2 使用介绍

在 Motic（麦克奥迪公司）配备的荧光显微镜系统中，配备了动态的摄像和图片处理软件。现对该软件的使用做一简要介绍。

打开 Motic Images Advanced 3.2 软件时，软件的主窗口显示见图 2-8。

图 2-8　软件的主窗口显示

Motic 动态成像模块由标题栏、控制面板、图像预览窗口和状态栏组成（图 2-9）。

标题栏：显示模块名称。

控制面板：包含四个控制面板，点击以下按钮将显示对应的控制面板。

 ——基本调节面板。

 ——色彩调节面板。

 ——高级设置面板。

 ——视频捕捉面板。

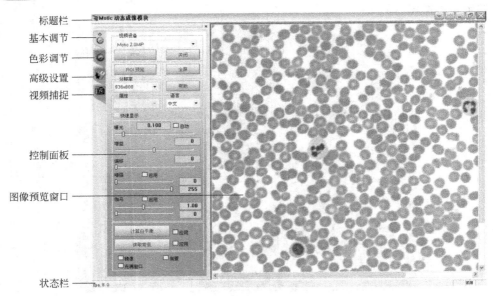

图 2-9　Motic 动态成像模块

下面主要介绍基本调节面板和视频捕捉面板的功能。

（一）基本调节

建议按以下步骤对图像进行基本调节，以获得满意的图像质量。

点击 按钮打开基本调节面板。

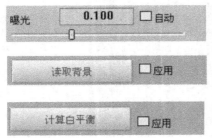

1. 正确调节显微镜，放上玻片，调整视野到最清晰焦面。

2. 拖拉滑动条手动设置曝光时间或勾选"自动"复选框进行自动曝光处理。

3. 然后将玻片从载物台上取下，点击"读取背景"按钮使动态图像画面光线分布均匀。

 背景平衡功能有助于降低光照不均匀造成的影响。

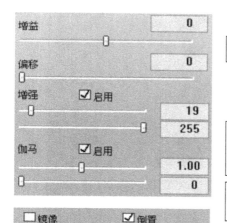

4.同时点击"计算白平衡"按钮,最后将切片放回载物台。

☺ 白平衡功能有助于使图像预览窗口中的图像接近于显微镜下观察到的实际图像。

5.若上述操作后图像质量仍无法满足要求,可以手动拖动滑动条调节图像增益值、偏移和其他参数来进一步改善图像质量。

6.若图像预览窗口中的图像发生倒置现象,还可以勾选"镜像"或"倒置"复选框对当前图像执行镜像或倒置操作。

（二）视频捕捉

点击 按钮打开视频捕捉面板,可以进行拍照和录像。

1.从"拍照格式"下拉列表框中选择相关的格式,设置拍照图像的大小。

2.点击"拍照"按钮可以捕捉当前图像预览窗口中的图像。

注意:图片保存时应注意其保存格式,否则会造成在没有软件支持的电脑上打不开的后果。

3.点击"自动拍照"按钮,在弹出的窗口中设置自动拍照属性(拍照张数、间隔、存储路径等),然后点击"确定"按钮,系统根据用户的设置自动采集若干幅静态图像保存到指定的路径下。

4.点击"录像"按钮,在弹出的"录像设置"窗口中设置录像属性(录像的文件名、存储路径、是否录制声音等),然后点击"确定"按钮,系统根据用户的设置自动录制视频文件到指定路径中。点击"停止"按钮停止视频捕捉。

实验结果

见图 2-10。

实验报告

根的整体 PI 染色:取生长在 MS 培养基上 4～10 天的拟南芥植株的根,用碘化丙啶(PI,10mg/mL)染色 5min,用水洗一次,然后制作临时装片,在荧光显微镜下进行观察,红色荧光(600～640nm)激发(参考图 2-10)。

注意事项

一、汞灯使用注意事项

1. 汞灯使用中会散发大量热量,因此,荧光显微镜的工作环境温度不宜太高,要通风良好,最好配备空调以降温度。

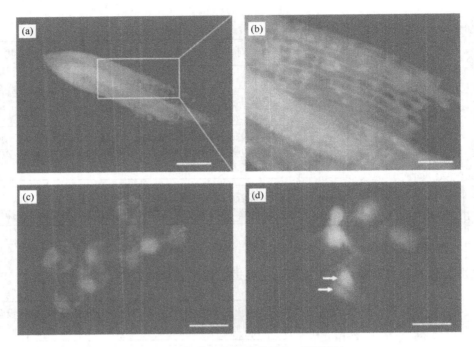

图 2-10　植物细胞的荧光图像（见彩插）

（a）PI 染色后的根端整体效果图；（b）为（a）的局部放大，显示伸长区细胞的轮廓；

（c）为 DAPI 染色标记的 BY-2 细胞的细胞核；（d）为 PI 染色标记的 BY-2 细胞的细胞核。

染色前 BY-2 细胞进行了固定。（a）中 Bar=150μm，（b）、（c）、（d）中 Bar=50μm

2. 200W 超高压汞灯的平均寿命，在每次使用 2h 的情况下约为 200h，开动一次工作时间愈短，则寿命愈短，如开一次只工作 20min，则寿命降低 50%。因此，使用时尽量减少启动次数。

3. 灯泡在使用过程中，其光效逐渐降低。灯熄灭后要等待冷却才能重新启动。

4. 点燃灯泡后不可立即关闭，以免水银蒸发不完全而损坏电极，一般需要等 15min。

5. 超高压汞灯压力很高，紫外线强烈，因此灯泡必须置灯室中方可点燃，以免伤害眼睛和发生爆炸时伤害操作人员。

二、荧光图像的记录方法

荧光显微镜所看到的荧光图像，一是具有形态学特征，二是具有荧光的颜色和亮度，在判断结果时，必须将二者结合起来综合判断。结果记录根据主观指标，即凭工作者目力观察。作为一般定性观察，基本上可靠的。随着技术科学的发展，在不同程度上采用客观指标记录判断结果，如用细胞分光光度计、图像分析仪等仪器。但这些仪器记录的结果，也必须结合主观的判断。

荧光显微镜摄影技术对于记录荧光图像十分必要，由于荧光很易褪色减弱，要即时摄影记录结果。方法与普通显微摄影技术基本相同。只是需要采用高速感光胶片如 ASA200 以上。因紫外光对荧光猝灭作用大，如 FITC 的标记物，在紫外光下照射 30s，荧光亮度降低 50%。所以，曝光速度太慢，就不能将荧光图像拍摄下来。一般研究型荧光显微镜都有半自动或全自动显微摄影系统装置。

参考文献

［1］施心路. 光学显微镜及生物摄影基础教程. 北京：科学出版社，2002.

［2］李楠. 激光扫描共聚焦显微术. 北京：人民军医出版社，1997.

［3］陈誉华. 医学细胞生物学. 北京：人民卫生出版社，2008.

［4］Celis J E. Cell Biology：A Laboratory Handbook. 3rd edition. London：Elsevier Academic Press，2006.

［5］Ma Z W，Yu G H. Phosphorylation of mitogenactivated protein kinase（MAPK）is required for cytokinesis and progression of cell cycle in tobacco BY-2 cells. J Plant Physiol，2010，167：216-221.

【实验三】体视荧光显微镜使用操作

实验目的

熟悉体视显微镜构造和使用方法，掌握用体视显微镜的照相功能对观察的物体进行取像的方法。

课前预习

如何对微小的生物个体如线虫、斑马鱼等照相？

实验原理

体视显微镜（图 3-1）又称"实体显微镜"或"解剖镜"，是一种具有正像立体感的

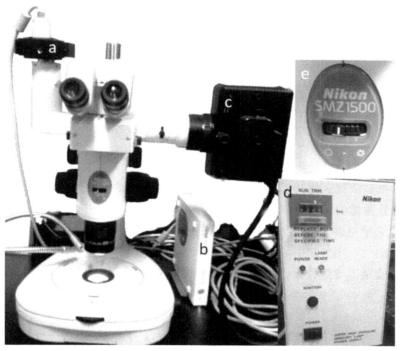

图 3-1　体视显微镜及其照相 CCD 和荧光激发光光源

a. CCD 照相设备；b. CCD 照相设备电源；c. 高压汞灯设备；

d. 汞灯电源；e. 体视显微镜铭牌标识及其景深调节罗盘

目视仪器，被广泛应用于生物学、医学、农林及海洋生物各部门。它在观察物体时能产生正立的三维空间影像，立体感强，成像清晰和宽阔，又具有长工作距离，并可根据观察物的特点选用不同的反射和透射光照明，是适用范围非常广泛的常规显微镜。随着生物特异性的荧光蛋白（如绿色荧光蛋白，GFP）的出现，研究人员在配有高数值孔径物镜的体视显微镜上进行活体荧光观察成像。由于体视镜的视野及工作距离大，通过体视镜荧光照明，研究者可以分辨出荧光蛋白在生物体内的分布。另外，在体视镜下，体视荧光照明更利于样品的观察记录。

一些较为先进的体视显微镜通常配备有照相功能的 CCD。图 3-2 为 Nikon 公司生产的一款体视显微镜。

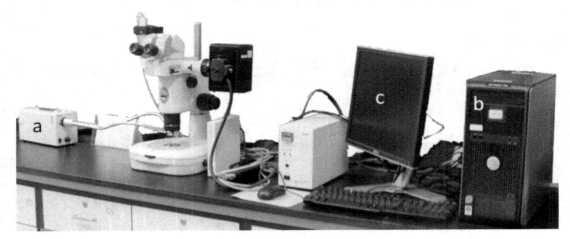

图 3-2　体视显微镜的整体外观图

a. 反射光照明设备；配套硬件为电脑（b）和电脑显示器（c）

🔬 实验材料、用品

植物的愈伤组织或生长中的菌落或一些微小生物体。

🔬 实验步骤

一、熟悉体视显微镜的组件及其功能

请对照体视显微镜实体，根据图 3-3 标注熟悉体视显微镜旋钮的位置及其功能。

二、体视显微镜的简单操作流程

1. 打开显微镜电源、CCD 电源、荧光灯箱开关，并将灯箱上按钮按下直到黄色灯亮起（图 3-1 中 b、d，图 3-3 中 e2）。

2. 在显微镜镜下找到目标后，打开电脑电源，点击桌面上 NIS-Elements F3.0（图 3-4）。

3. 照相时，将目镜左侧滑钮滑到 GFP，并将右侧绿光片推入（图 3-3a）。

点击 NIS-Elements F3.0 中的 Live，观察并调焦至图像最清晰，点击 Capture，拍照。

4. 保存：点击 File 下拉菜单，Save As "※※※" 文件夹（※※※为自命名一个文件夹）。

5. 点击 "Live" 继续观察拍照。

6. 实验结束时，关闭系统。关机顺序为关闭显微镜开关，关闭 CCD 电源，关灯箱开关（不必按黑色圆形按钮），关闭电脑。

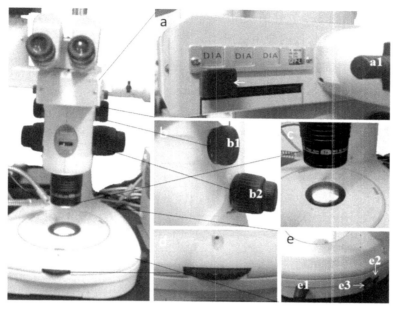

图 3-3　体视显微镜的可调节旋钮

　　a. 体视显微镜镜筒侧面调节旋钮，白色箭头显示滑动调节键，可调节不同的荧光通道，最里面的
挡位为绿色荧光通道；a1. 荧光通道的挡板；b. 放大倍数旋钮和焦点调节旋钮；b1. 缩放旋钮，
其上标记白色数字，表明其可调节的目标物放大倍数；b2. 粗调（外围旋钮）和微调（内圈旋钮）
调节旋钮；c. 大工作距离的物镜镜头［该型号体视显微镜配备三种规格（0.5×、1×和1.6×）的
工作距离物镜］；d. 底座正前方的直立精细调焦旋钮；e. 底座右侧面的两个旋钮；e1. 光圈调节旋钮；
e2. 显微镜的电源开关；e3. 电源强度控制旋钮

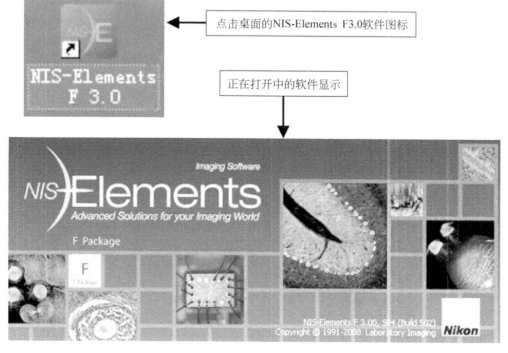

　　点击桌面的NIS-Elements F3.0软件图标

　　正在打开中的软件显示

图 3-4

三、NIS-Elements F3.0 软件的使用

NIS-Elements F3.0 软件的使用见图 3-5。

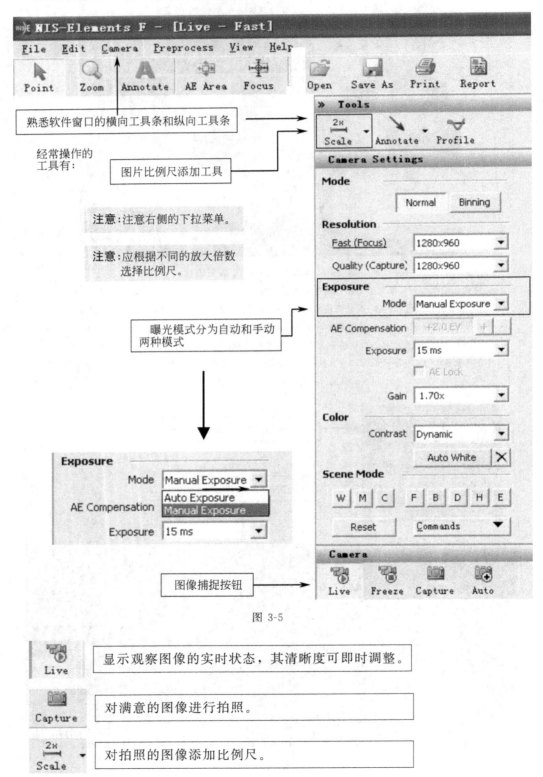

图 3-5

四、图片保存

点击 File 下拉菜单，对拍照的图片进行保存（图 3-6）。

注意：文件的保存有不同的格式,请选择离开软件后能够打开的格式保存,一般选择JEPG, TIF或BMP
格式保存。

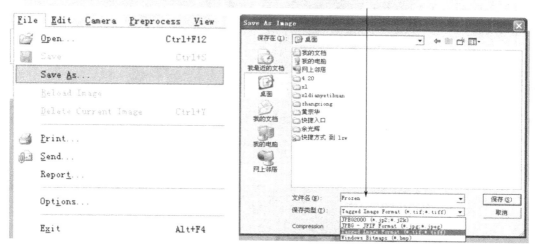

图 3-6

图 3-7 为保存中的图片。

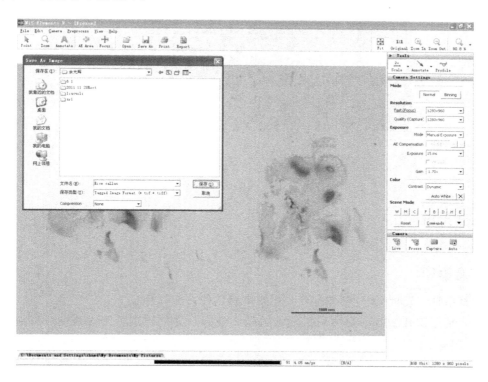

图 3-7　以 Tiff 格式保存中的图片

图 3-8 为保存后重新打开的图片。

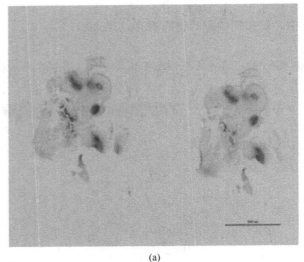

(a)

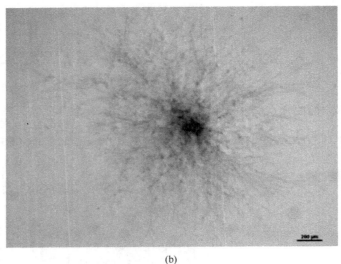

(b)

图 3-8　明视场中拍照的水稻愈伤组织（a）和真菌菌落（b）图片

（a）Bar＝1000μm；（b）Bar＝200μm

实验报告

请对你观察的样品进行拍照。

注意事项

1. 照相时需先将 CCD 电源打开，否则电脑软件无法打开。

2. 荧光灯箱开 20min 后方可关闭，关闭 20min 后才能再次打开，否则对灯泡寿命有影响。

参考文献

体视荧光显微镜使用方法与注意事项 . 2010. http://www.microimage.com.cn/article/2010/0726/article_1276.html.

【实验四】共聚焦激光扫描显微镜（CLSM）的使用

实验目的

熟悉共聚焦激光扫描显微镜的操作原理和基本的照相方法。

课前预习

共聚焦激光扫描显微镜和荧光显微镜有什么区别？

实验原理

共聚焦激光扫描显微镜（confocal laser scanning microscope，CLSM）是细胞生物学研究领域较为高级的精密仪器。可以用于观察细胞形态，也可以用于细胞内生化成分的定量分析、光密度统计以及细胞形态的测量，同时可以利用宽大的物镜操作平台，实现长时间活细胞动态观察。这一仪器是以激光做光源。用激光作扫描光源，可以对标本进行逐点、逐行、逐面快速扫描成像，扫描的激光与荧光收集共用一个物镜，物镜的焦点即扫描激光的聚焦点，也是瞬时成像的物点。由于激光束的波长较短，光束很细，所以共聚焦激光扫描显微镜有较高的分辨率，大约是普通光学显微镜的 2～3 倍。系统经一次调焦，扫描限制在样品的一个平面内。调焦深度不一样时，就可以获得样品不同深度层次的图像，这些图像信息存储于计算机内，通过计算机分析和模拟，就能显示细胞样品的立体结构。

虽然扫描显微镜和普通显微镜的成像过程和原理是一样的，但两种显微镜在性能上有本质的区别。在普通光学显微镜中，大面积的非相干光源经聚光镜后照射到标本上，标本的每一点的图像都会受到邻近点的衍射光或散射光的干扰；而共聚焦激光扫描显微镜中，检测器前有一个小孔，激光扫描束经照明针孔对标本内焦平面上的每一点扫描，用的光源和检测器都是点状的，这样两个透镜都同等地参与成像的过程，使分辨率提高了 1.4 倍。共聚焦激光扫描显微镜的优点在于散焦光线和不需要的散射光不能通过小孔，因此可以得到光学切片的图像（图 4-1）。

实验材料、用品

拟南芥植物的根，经透明处理和碘化丙啶（PI）染色，进行荧光观察。

实验步骤

一、掌握和识别共聚焦激光扫描显微镜各部件的名称及功能

（一）认识和掌握共聚焦激光扫描显微镜的构造及操作要领

图 4-2 为 Nikon 公司生产的一款共聚焦激光扫描显微镜，以该型号为例，熟悉和掌握 CLSM 的操作规程。

请对照图 4-2 的结构标示，结合共聚焦激光扫描显微镜的实物，熟悉各个部件的结构和功能，这对于显微镜的操作尤其重要。熟悉和掌握图 4-3、图 4-4 中显微镜的前面板和左侧、右侧面板一些按钮的操作。

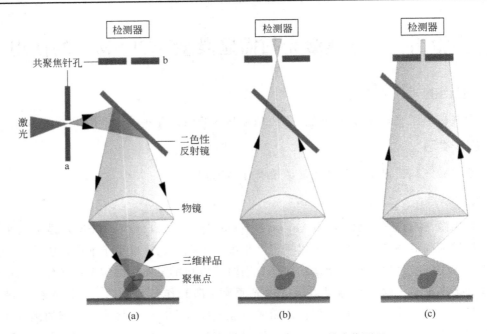

图 4-1 共聚焦激光扫描显微镜（CLSM）的成像原理

（a）经针孔照射的激光束经过分色镜的反射后，通过物镜会聚某一个焦点；（b）在该焦点发射的荧光
在第二个针孔处被检测器检出；（c）样品焦点外的荧光在针孔外聚焦，不被检测器检出

图 4-2 共聚焦激光扫描显微镜的整体外观

1—滤光片［包括 D—毛玻璃；NCB—色温平衡片；GIF—此处安装红外滤光片，用于 PFS（perfect focus system）］；
2—视场光阑；3—聚光器升降旋钮；4—起偏器；5—聚光器对中旋钮；6—孔径光阑；7—聚光器模块；
8—检偏器；9—载物台；10—调焦旋钮（含粗调和微调）；11—减光片；12—目镜；13—卤素灯光源；
14—CCD 电源；15—CCD 摄像镜头；16—扫描头

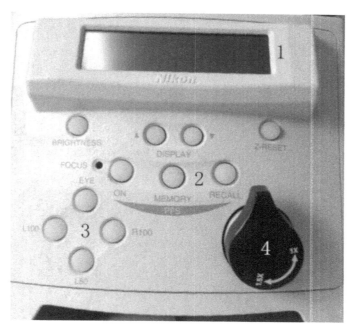

图 4-3 共聚焦激光扫描显微镜的前面板示意图

1—状态显示屏；2—PFS (perfect focus system) 开关按钮（本机未安装此功能）；

3—光路端口切换按钮；4—变倍旋钮

(a) 显微镜镜臂左侧面板

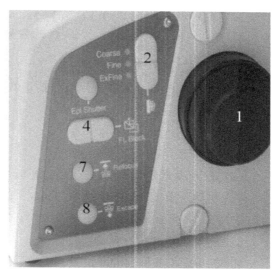

(b) 显微镜镜臂右侧面板

图 4-4 共聚焦激光扫描显微镜的侧面板示意图

1—调焦旋钮；2—粗、微调焦切换按钮；3—物镜切换按钮；4—滤光块、DIC 检偏器切换按钮；

5—透射光光源开关（当遥控器透射光光源控制按钮打开时，此按钮无效）；6—透射光亮度调节旋钮

（当遥控器透射光光源控制按钮打开时，此按钮无效）；7—重聚焦按钮；8—物镜复位按钮

（二）认识共聚焦激光扫描显微镜各个部件

功能完备的共聚焦激光扫描显微镜各组件如图 4-5 所示。

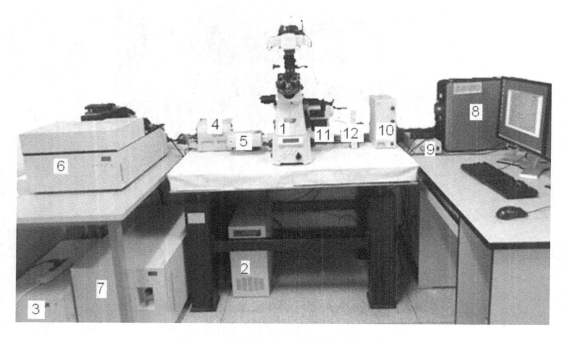

图 4-5　共聚焦激光扫描显微镜系统组件

1—Ti-E 电动倒置荧光显微镜；2—C1 Si 共聚焦显微镜总控制器；3—C1 Si 共聚焦显微镜光谱探测模块；

4—C1 Si 共聚焦显微镜标准探测模块；5—C1 Si 共聚焦显微镜扫描头；6—激光器；7—激光器电源；

8—C1 Si 共聚焦显微镜工作站；9—Ti-E 电源（长寿命汞灯）；10—Ti-E 电源（卤素灯）；

11—CCD 摄像镜头；12—CCD 电源

（三）C1 系统的开关机顺序

正确的开关机顺序对于保障仪器的正常运行至关重要，因此，系统的开关机顺序必须掌握。

1. 开机顺序

（1）打开接线板电源开关。

（2）打开激光台电源钥匙（543、405、640 三个激光器将自动打开）。

（3）使用 "IRC-003" 控制器打开 Ar（氩离子）激光器，操作步骤和顺序如下。

① 确认 "optical/current" 开关在 "optical" 位置。

② 将 "AC" 开关打到 ON 位置。

③ 将钥匙 Key 打到 ON 位置。

④ 等待约 40s，"IRC-003" 控制器上 POWER 数值从 0 跳变到有读数显示，此时将 "standby/operate" 开关拨到 "operate" 位置；此时 POWER 显示值约为 40mW。

（4）打开汞灯电源和卤素灯电源。

（5）打开显微镜底座右后端的 HUB 控制部件电源开关（1 位置为开）。

（6）打开 C1 共聚焦控制器面板右上角的开关（1 位置为开）。

（7）打开电脑，打开 EZ-C1 软件，开始显微镜操作。

2. 关机顺序

关机顺序与开机顺序正好相反，关机顺序如下。

（1）请先确认关闭软件。

（2）按开机相反的顺序依次关闭 C1 共聚焦控制器、显微镜 HUB 电源、卤素灯、电源、汞灯电源。

（3）使用"IRC-003"控制器关闭 Ar 激光器。

① 将"standby/operate"开关拨到"standby"位置。

② 钥匙 Key 打到 OFF 位置。

③ "AC"开关打到 OFF 位置。

（4）关闭激光台电源钥匙。

（5）待 Ar 激光器散热结束后，上面的风扇会自动停止转动，可以关闭接线板总电源。

（四）EZ-C1 软件操作界面

EZ-C1 软件操作界面见图 4-6。

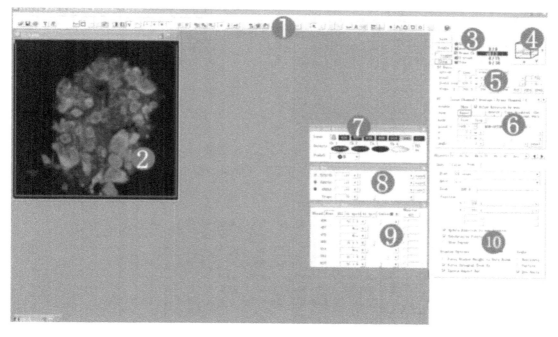

图 4-6　EZ-C1 软件操作界面

1—功能按钮；2—图像窗口；3—拍摄按钮；4—变焦导航窗口；5—拍摄参数；6—拍摄模式设定；7—选择激光器和 PMT 及针孔大小，选择 DIC 成像模式；8—PMT 增益；9—激光强度调节；10—设定图像的显示方式

（五）配置 C1 光路

C1 共聚焦扫描时，必须将显微镜荧光滤光块放置在空的位置，出光口切换到 L100。需要做 C1 的 DIC 通道拍摄时，将显微镜透射视场光阑和孔径光阑打开，将起偏器放进光路，并根据物镜选择对应的聚光器转盘的 DIC N2 插片，请注意此时不要将检偏器加入到光路中。

（六）荧光通道拍摄的几种模式

1. Frame Channel 模式拍摄

（1）选择一个拍摄方案（543，488，DIC……）（图 4-7）。

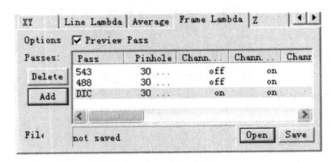

图 4-7

（2）点击 Live，调节焦面和视野（图 4-8）。

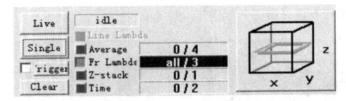

图 4-8

（3）调节 Gain 或 Pixel 来改变图像亮度。

（4）点击 Single 正式拍摄。

（5）如果要一次拍摄多通道，点击 Frame Lambda 按钮。

取消 Preview Pass 前面的勾，再点击 Single（如果 Preview Pass 前面打上勾，则只拍摄当前选定的通道）（图 4-9）。

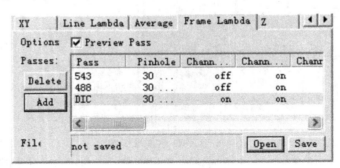

图 4-9

2. Line Lambda 模式拍摄

（1）选择同时扫描的通道（Pass）数（图 4-10）。

（2）选择激光器和对应的 PMT。

（3）点击 Line Lambda 按钮（图 4-11）。

（4）点击 Live，调焦，调节各个通道的增益。

（5）点击 Single 拍摄。

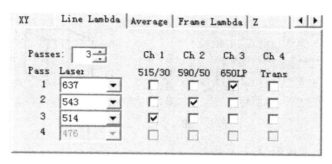

图 4-10

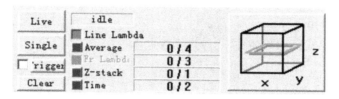

图 4-11

3. DIC 通道拍摄

（1）把起偏器推入光路中。

（2）确认聚光器中的 DIC 模块和物镜相匹配。

（3）在 Frame Lambda 中选择 DIC 拍摄方案，或者在 Line Lambda 中选择 543nm 和 Trans 的组合。

（4）点击 Live，调节焦面和视野。

（5）调节 Gain 或 Pixel 来改变图像亮度。

（6）点击 Single 正式拍摄。

4. 断层扫描（Z-stack）

（1）确认 Z-stack 按钮未被按下，点击 Live，选择好参考平面（Ref）（图 4-12）。

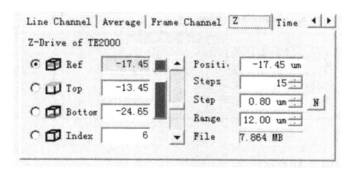

图 4-12

（2）点击 Top，向上调焦，选择好顶平面。

（3）点击 Bottom，向下调焦，选择好底平面。

（4）停止 Live。

（5）点击右侧的 Z-stack 按钮（图 4-13）。

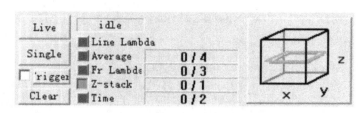

图 4-13

（6）点击 Single 正式拍摄。

（7）选择菜单 Data—Volume—Volume Render。

（8）点击 Enable，拖动鼠标从各个角度观察标本。

5. 动态拍摄（Time Series）

（1）选择拍摄模式。一共 3 种。

① 尽可能快模式（图 4-14）。

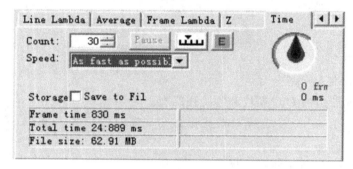

图 4-14

② 固定拍摄时间间隔（图 4-15）。

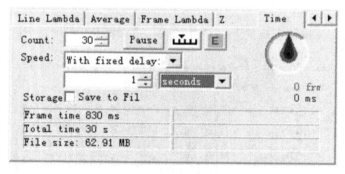

图 4-15

③ 可变时间间隔（图 4-16）。

（2）设定相关参数。

（3）点击右侧的 Time 按钮（图 4-17）。

（4）点击 Single 正式拍摄。

6. 平均拍摄（Average）

（1）设定好进行平均的帧数（图 4-18）。

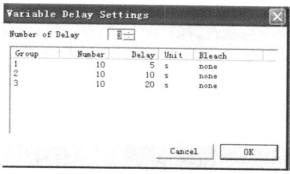

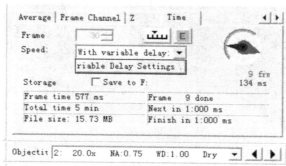

图 4-16

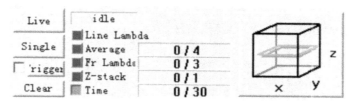

图 4-17

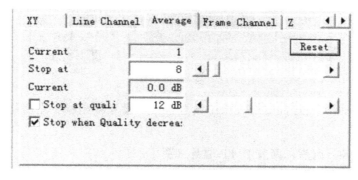

图 4-18

（2）点击右侧的 Average 按钮（图 4-19）。

（3）点击 Single 正式拍摄。

7. 拍摄光谱图像

（1）将扫描头上的开关拨到 Spectrum 的位置，软件将自动切换到光谱模式（图 4-20）。

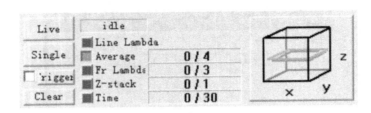

图 4-19

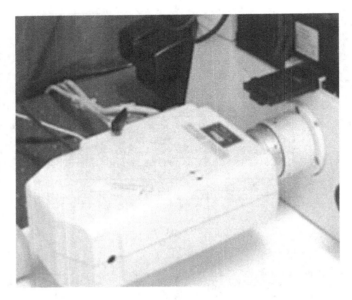

图 4-20

（2）点击 Edit（图 4-21）。

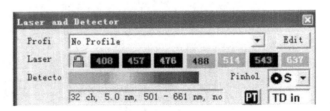

图 4-21

（3）进入 Laser & Detector Profiles 设置窗口，设置激光器、光谱检测范围、光谱分辨率（图 4-22）。

（4）点击 Live，调焦，调节 PMT 增益（图 4-23）。

（5）Live 预览，点击 Single 拍摄。

（七）标尺和测量

（1）点击标尺按钮（图 4-24）。

（2）在图像上单击，出现标尺。

（3）点右键，设定标尺属性。

（4）测量距离：点击标尺按钮，在起始点单击并拖动至终止点即可。

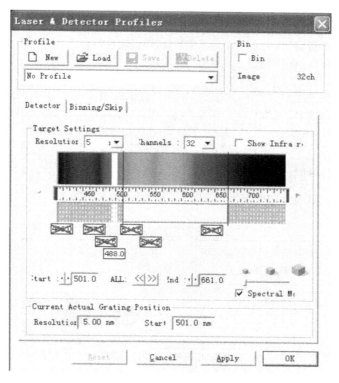

图 4-22

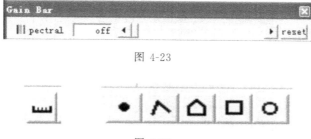

图 4-23

图 4-24

（5）测量面积和荧光强度：选择方形/圆形/多边形工具，在图像上确定测量区域即可。

（八）荧光动态测量

（1）在 Time Series 图像中，用方形/圆形/多边形工具确定测量区域（图 4-25）。

图 4-25

（2）在 Spots of interest 选项卡中 Average/Area 区域中的 taxis 下拉列表中选 create graph，荧光动态曲线自动弹出。

（3）选择菜单 File-Save as，存储成 Excel 或 TXT 文件。

二、拟南芥根的根冠层细胞 I$_2$-KI 染色

用镊子或刀片剪去萌发5天的拟南芥根，用牙签挑取，将其平行放在载玻片上 → 盖上盖玻片；在盖玻片的一侧滴加 20μL 或 40μL I$_2$-KI 溶液，染色 5min → 用吸水纸吸去碘液，并在盖玻片一侧滴加去离子水清洗一次，吸去多余水分

调节图像的清晰程度，用照相软件捕捉图像，并加注比例尺 ← 在盖玻片一侧滴加透明溶液 40μL，透明处理 5min 后吸取多余透明溶液，在荧光纤维镜下进行观察

 透明溶液的配方如下：水合三氯乙醛 8g＋6mL 去离子水＋2mL 甘油。

三、拟南芥根的固定和 PI 染色

（一）步骤

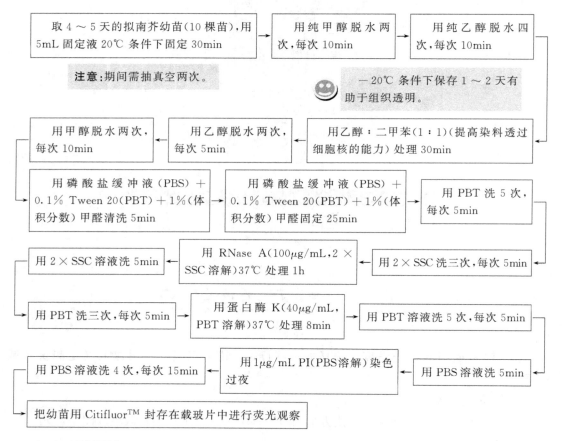

取 4～5 天的拟南芥幼苗（10 棵苗），用 5mL 固定液 20℃ 条件下固定 30min → 用纯甲醇脱水两次，每次 10min → 用纯乙醇脱水四次，每次 10min

注意：期间需抽真空两次。

一20℃ 条件下保存 1～2 天有助于组织透明。

用甲醇脱水两次，每次 10min ← 用乙醇脱水两次，每次 5min ← 用乙醇：二甲苯(1：1)(提高染料透过细胞核的能力)处理 30min

用磷酸盐缓冲液（PBS）＋0.1% Tween 20(PBT)＋1%（体积分数）甲醛清洗 5min → 用磷酸盐缓冲液（PBS）＋0.1% Tween 20(PBT)＋1%（体积分数）甲醛固定 25min → 用 PBT 洗 5 次，每次 5min

用 2×SSC 溶液洗 5min ← 用 RNase A(100μg/mL，2×SSC 溶解)37℃ 处理 1h ← 用 2×SSC 洗三次，每次 5min

用 PBT 洗三次，每次 5min → 用蛋白酶 K(40μg/mL，PBT 溶解)37℃ 处理 8min → 用 PBT 溶液洗 5 次，每次 5min

用 PBS 溶液洗 4 次，每次 15min ← 用1μg/mL PI(PBS溶解)染色过夜 ← 用 PBS 溶液洗 5min

把幼苗用 Citifluor™ 封存在载玻片中进行荧光观察

（二）试剂配方

1. 固定液的配方

用 PBS 配制 1%甲醛，10%二甲基亚砜（DMSO），0.06mol/L EGTA，pH7.2～7.5。

2. PBS 溶液（磷酸盐缓冲液）

一般选择 K$_2$HPO$_4$ 和 KH$_2$PO$_4$ 配制，因为钠盐溶解较慢。根据不同 pH 的溶液，称量不同质量的磷酸盐，也可以用 pH 计调溶液的 pH。PBS 一般用做支持电解质。

采用去离子水、KH$_2$PO$_4$ 和 Na$_2$HPO$_4$·2H$_2$O 配制 PBS 溶液，按以下步骤进行。

（1）配制 $1/15mol/L\ KH_2PO_4$，即每升水中溶解 9.078g KH_2PO_4。

（2）配制 $1/15mol/L\ Na_2HPO_4 \cdot 2H_2O$，即每升水中溶解 11.876g $Na_2HPO_4 \cdot 2H_2O$。

（3）将 18.2%（体积分数）KH_2PO_4 溶液和 81.8% $Na_2HPO_4 \cdot 2H_2O$ 溶液混合。最终测定 PBS 溶液的 pH 值约为 7.4。

3. PBT 溶液

PBS＋0.1% Tween 20。

实验报告

图 4-26 为 I_2-KI 和 PI 染色后根冠的明视野和荧光显微照片。

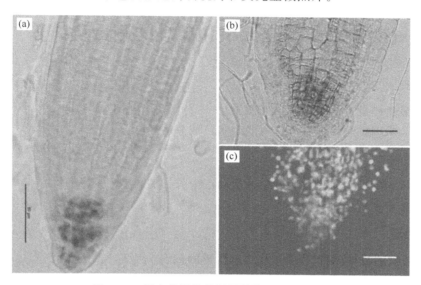

图 4-26　拟南芥根端的根冠层外观（见彩插）

（a）I_2-KI 染色；（b）PI 染色明视野；（c）PI 染色的 CLSM 照片，显示了根的整个细胞核。$Bar=50\mu m$

注意事项

1. PI 的浓度是细胞染色的关键。要摸索出一个合适的浓度，浓度过高，整个根端显现红色；浓度过低，对细胞核的染色不够明显。

2. 本实验用到的 PI 不同于实验二，实验二是用 PI 对根端细胞的轮廓进行染色，本实验多了根端的固定步骤，目的是清晰显示细胞核，以此判断细胞的分裂状态。

参考文献

［1］陈誉华主编. 医学细胞生物学. 北京：人民卫生出版社，2008.

［2］李楠. 激光扫描共聚焦显微术. 北京：人民军医出版社，1997.

［3］Willemse J，Kulikova O，de Jong H，Bisseling T. A new whole-mount DNA quantification method and the analysis of nuclear DNA content in the stem-cell niche of Arabidopsis roots. Plant J，2008，55（5）：886-894.

［4］Zhou W，Wei L，Xu J，Zhai Q，Jiang H，Chen R，Chen Q，Sun J，Chu J，Zhu L，Liu C-M，Li C. *Arabidopsis* tyrosylprotein sulfotransferase acts in the auxin/PLETHORA pathway in regulating postembryonic maintenance of the root stem cell niche. The Plant Cell，2010，22：3692-3709.

基础实验篇

"纸上得来终觉浅，绝知此事要躬行"。实验是培养创新人才的必由之路。

【实验五】细胞大小和数目的测量及计算

实验目的

1. 学习显微测量方法和显微镜的使用。
2. 学习、掌握细胞培养中最基本的细胞计数方法。

课前预习

1. 细胞体积的增大将对细胞的生理活动产生怎样的影响？
2. 为什么要进行细胞计数？

实验原理

应用显微镜的成像原理，同时借助显微镜的镜台测微尺和目镜测微尺，两尺配合使用，进行测量和运算，得出细胞的大小。

细胞数目的计算与细胞培养（见细胞培养篇）一样，也是细胞研究中最基本的技术和方法。细胞计数的目的是测量培养的细胞在特定时间的生长状态，也是细胞继代培养或评价实验处理效果的一个基本手段。此外，在细胞转染实验、细胞的冻存实验中，常常对细胞的密度和数量有特定的要求。如细胞冻存实验中，冻存的细胞数量要合适。因此，准确的细胞计数是实验成败的关键，通常达到 $10^7/mL$ 的细胞密度。因此，本实验的目的是学习用血细胞计数板来测量细胞数目的基本方法。

实验材料、用品

1. 实验材料：新鲜烟草花朵的花粉粒；鸡血红细胞悬液。
2. 药品：0.17mol/L 氯化钠溶液。
3. 仪器：胶头吸管、细胞计数板、显微镜。

实验步骤

一、认识镜台测微尺和目镜测微尺

镜台测微尺和目镜测微尺的实物如图 5-1。

（一）测微尺的使用操作

1. 卸下目镜上的透镜，将目镜测微尺有刻度一面向下装在目镜镜面上，再旋上目镜

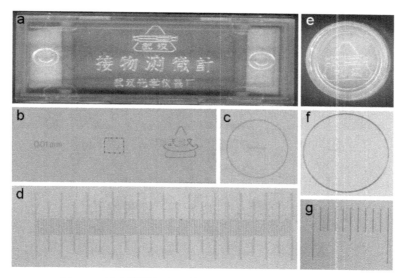

图 5-1　镜台测微尺和目镜测微尺的整体外观和放大图

a～d 为镜台测微尺；e～g 为目镜测微尺

上的透镜。

2. 将镜台测微尺有刻度一面朝上放在载物台上夹好，使测微尺刻度位于视野中央，调焦至看清镜台测微尺的刻度。

3. 小心移动镜台测微尺和目镜测微尺（如目镜测微尺刻度模糊，可转动目镜上透镜进行调焦），使两尺左边的"0"点一直线重合，然后由左向右找出两尺另一次重合的直线（图 5-2）。

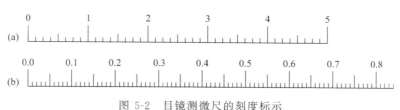

图 5-2　目镜测微尺的刻度标示

（a）目镜测微尺；（b）镜台测微尺

4. 记录两条重合线间目镜测微尺和镜台测微尺的格数。按下式计算目镜测微尺每格的长度等于多少微米（μm）。

$$目镜测微尺每格的长度（\mu m）=\frac{两重合线间镜台测微尺的格数}{两重合线间目镜测微尺的格数}\times 10\mu m$$

（二）测微尺的使用方法

测微尺的使用方法见图 5-3。

1. 把目镜测微尺正确放入显微镜中，然后调焦距至清晰图像。

2. 调整目镜镜头位置，使两个测微尺相互平行且目镜测微尺 0 刻度线与镜台测微尺的 0 刻度线相重合。

3. 找到两测微尺相互重合的另一条线（见注意事项），分别算出两测微尺重叠部分的格数，计算它们的比例关系。

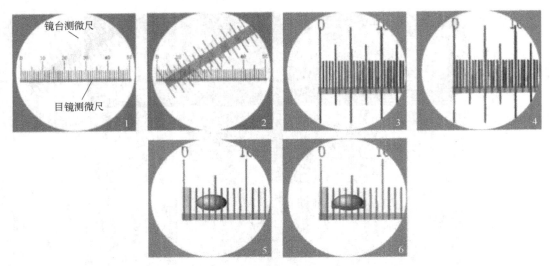

图 5-3　目镜测微尺和镜台测微尺刻度对齐确定目镜测微尺刻度大小的过程图

4. 根据镜台测微尺每小格的实际长度推算出目镜测微尺的实际长度，在实际测量中，用目镜测微尺测定微小物体的长度，再根据推算出来的实际长度算出物体的实际长度。

5. 图 5-3 中目镜测微尺刻度与镜台测微尺刻度的比例关系为 1：2，镜台测微尺每小格的长度为 $10\mu m$，所以目镜测微尺每小格的实际长度为 $20\mu m$。

6. 此时，若物体的长度为 5 格，则其实际长度为 $5 \times 20 = 100\mu m$（见注意事项）。

二、花粉细胞的观察测量

1. 采集刚开放或将要开放的成熟花朵（图 5-4）。

(a)　　　　　　　　　(b)

图 5-4　烟草花的外观

(a) 烟草花的纵面观；(b) 烟草花的横面观，黄色部分为花丝上的花粉

2. 在载玻片上滴 1～2 滴蒸馏水。

3. 用接种针敲打花药，将花粉分散于蒸馏水中，盖上盖玻片。

4. 用测微尺测量花粉细胞大小，计算平均值。

5. 用烟草花粉萌发培养液培养 2h 后，花粉萌发长出花粉管（图 5-5），按照上述方法测量花粉管的长度。

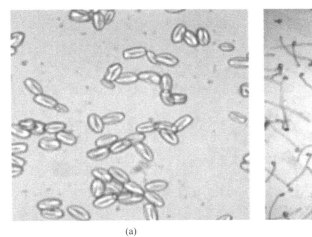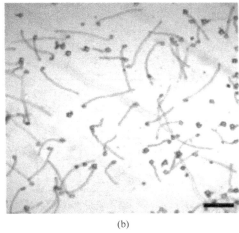

(a)   (b)

图 5-5　烟草花粉粒和萌发的花粉管

（a）未萌发的花粉粒；（b）萌发的花粉管（Bar＝100μm）

　　花粉萌发培养液：用双蒸水配成终浓度为 50μmol/L CaCl$_2$、100μmol/L KCl、1.6mmol/L H$_3$BO$_4$、50μmol/L MES、1％蔗糖的花粉萌发培养液，调 pH5.8 后灭菌。

三、认识常见的细胞计数板

　　测定细胞数目的方法有显微镜直接计数法、平板菌落计数法、光电比浊法等，教材采用的是较为简便、快速、直观的显微镜直接计数法。因此，学会使用血细胞计数板进行准确计数，是该实验成功与否的关键。直接计数法是将小量待测样品的悬浮液置于一种特别的具有确定面积和容积的载玻片上，于显微镜下直接计数，然后推算出细胞数的一种方法。血细胞计数板是常用的计数器之一（图 5-6）。

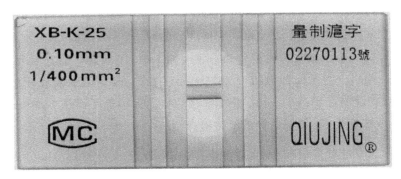

图 5-6　细胞计数板的正面观

　　血细胞计数板是一种专门用于计算较大单细胞微生物的一种仪器，由一块比普通载玻片厚的特制玻片制成的玻片中有四条下凹的槽，构成三个平台（图 5-6、图 5-7）。中间的平台较宽，其中间又被一短横槽隔为两半，每半边上面刻有一个方格网。方格网上刻有 9 个大格，其中只有中间的一个大格为计数室。计数室通常也有两种规格：一种是 16×25 型，即大格内分为 16 个中格，每一中格又分为 25 个小格；另一种是 25×16 型，即大格内分为 25 个中格，每一中格又分为 16 个小格。但是不管计数室是哪一种构造，它们都有一个共同的特点，即每一大格都是由 16×25＝25×16＝400 个小格组成（图 5-7）。

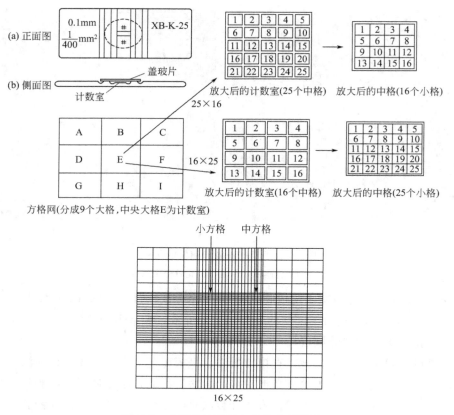

图 5-7　血细胞计数板方格放大示意图

大格的长和宽各为 1mm，深度为 0.1mm，其体积为 0.1mm³，即 1mm×1mm×0.1mm 方格的计数板。此外，也有大格长和宽各 2mm、深度为 0.1mm 的计数室，其体积为 0.4mm³，即 2mm×2mm×0.1mm 方格的计数板。

在血细胞计数板上，刻有一些符号和数字（图 5-6、图 5-7），其含义是：XB-K-25 为计数板的型号和规格，表示此计数板分 25 个中格；0.1mm 为盖上盖玻片后计数室的高；1/400mm² 表示计数室面积是 1mm²，分 400 个小格，每小格面积是 1/400mm²。

四、16×25 型和 25×16 型的计数板使用介绍

（一）16×25 型计数板

将计数室放大，其含 16 个中格，一般取四角，即 1、4、13、16 四个中格（100 个小格）计数（图 5-7）。将每一中格放大，可见 25 个小格。计数重复 3 次，取其平均值。计数完毕后，依下列公式计算：细胞个数/mL＝100 个小格细胞总数/100×400×10000×稀释倍数。

（二）25×16 型计数板

中央大方格以双线等分成 25 个中格，每个中格又分成 16 个小格，供细胞计数用（图 5-8）。一般计数四个角和中央的五个中格（80 个小格）的细胞数。计数重复 3 次，取其平均值。计数完毕后，依下列公式计算：细胞个数/mL＝80 个小格细胞总数/80×400×10000×稀释倍数。

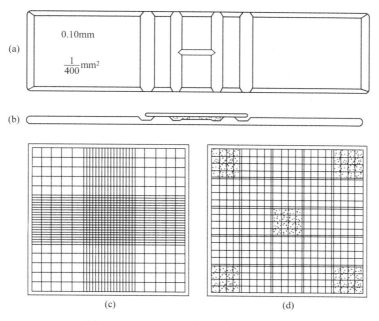

图 5-8 25×16 型血细胞计数室的构造

(a) 正面观；(b) 侧面观；(c) 放大后的网格；(d) 放大后的计数室

五、实验操作：鸡血细胞的观察测量

将已经制备好的鸡血涂片放在染色盘架上，滴数滴瑞氏-吉姆萨染液于涂片上，静置染色 1min，滴加等量 1/15mol/L 磷酸盐缓冲液，用牙签轻轻搅拌混匀，再静置染色 5～10min，最后用清水缓缓冲洗 1min，倾斜放置，晾干后进行观察测量。

1. 制备鸡血红细胞悬液［鸡血与氯化钠溶液（0.17mol/L）按照 1∶10 体积混合］。

2. 用乙醇清洁计数板及专用盖玻片，然后用绸布轻轻拭干。

3. 用吸管轻吸细胞悬液，取少许细胞悬液，在计数板上盖玻片的一侧加微量细胞悬液。

实验结果

鸡血细胞计数后请计算其密度，并将你计算的数值与其他同学的数值进行比对分析。

实验报告

1. 用测微尺测量不同材料的各种细胞的大小后，制表格表示测量结果。

2. 用表格表示测定的细胞密度与数目。

注意事项

一、测微尺使用注意事项

1. 镜台测微尺的刻度为 100 格，每小格的长度为 $10\mu m$；以镜台测微尺做参照，计算目镜测微尺在不同放大倍数下的每小格的长度，从而计算目镜视野中图像的大小。

2. 在确定两测微尺相重合的另一条线时，注意尽可能选取距 0 刻度线较远重合的那条线，以减少误差。

3. 在不同放大倍数下，目镜测微尺的实际长度不同，需用镜台测微尺进行校正。

4．载物台上镜台测微尺刻度是用加拿大树胶和圆形盖玻片封合的。当除去松柏油时，不宜使用过多的二甲苯，以避免盖玻片下的树胶溶解。

5．取出目镜测微尺，将目镜放回镜筒，用擦镜纸擦去目镜测微尺上的油腻和手印。

二、细胞计数板使用注意事项

1．务必使细胞分散成单个细胞，取样计数前，应充分混匀细胞悬液。

2．染色后静置 1～2min，待红细胞下沉后，方可进行计数。

3．在细胞计数中，遵循的计数路径为：第一排，从左到右；第二排，从右到左；第三排，从左到右；第四排，从右到左［图 5-9(a)］。

4．对于分布在刻线上的红细胞，依照"数上不数下，数左不数右"的原则进行计数［图 5-9(b)］。计数时，如发现各中格的红细胞数目相差 20 个以上，表示血细胞分布不均匀，必须重新计数。

5．单独细胞计为 1 个细胞［图 5-9(c)］；细胞成簇分布，能够清晰分辨细胞核和细胞质的分别计数为单独细胞［图 5-9(d)］；成簇分布的细胞，不能清晰分辨细胞核的计为 1 个细胞［图 5-9(e)］。

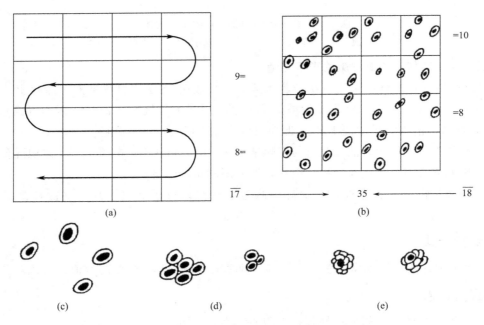

图 5-9　计数路径和相关规则

🧪 **思考题**

1．分别计算不同物镜放大倍数下测微尺的单位。

2．检测员将 1mL 水样稀释 10 倍后，用抽样检测的方法检测每毫升蓝藻的数量；将盖玻片放在计数室上，用吸管吸取少许培养液使其自行渗入计数室，并用滤纸吸去多余液体。已知每个计数室由 25×16＝400 个小格组成，容纳液体的总体积为 0.1mm³。

现观察到图 5-10 中该计数室所示 a、b、c、d、e 5 个中格 80 个小格内共有蓝藻 n 个，则上述水样中约有蓝藻＿＿＿＿＿个/mL。（参考答案：$5n \times 10^5$）

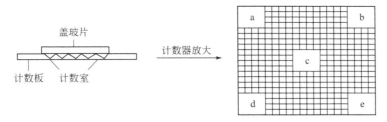

图 5-10

（本题是按照血细胞计数板的原理进行设计的，还添加了相应的图示，题意一目了然。按照前面所述的公式，不难得出正确答案：酵母细胞个数/mL＝80 个小格细胞总数/80×400×10000×稀释倍数＝$n/80×400×10000×10＝5n×10^5$）。

3. 在整个实验过程中，直接从静置的培养瓶中取培养原液计数的做法是错误的，正确的方法是_____和_____。（参考答案：摇匀培养液后再取样，培养后期的样液稀释后再计数）

4. 实验结束后，用试管刷蘸洗涤剂擦洗血细胞计数板的做法是错误的，正确的方法是_____。（参考答案：浸泡和冲洗）

参考文献

[1] Celis J E. Cell Biology：A Laboratory Handbook. 3rd edition. London：Elsevier Academic Press，2006.

[2] 郭军英. 关于血球计数板的使用及注意事项. 教学仪器与实验，2009，4：27-29.

[3] 刘江东，赵刚，邓凤姣等. 细胞生物学实验教程. 武汉：武汉大学出版社，2005.

【实验六】细胞膜的渗透性

实验目的

1. 了解细胞膜的渗透性。
2. 了解各种小分子物质跨膜进入红细胞的速度。

课前预习

1. 什么是细胞膜的渗透性？
2. 扩散和渗透的概念及区别？
3. 影响扩散的限制因素有哪些？

实验原理

生物膜对小分子的跨膜渗透包括水、电解质和非电解质溶质。根据人工不含蛋白质的磷脂双分子层对物质通透性的研究表明，只要时间足够长，任何分子都能顺浓度梯度扩散通过脂双层。人工合成的脂质体主要用来研究细胞膜的渗透性及各类物质进入细胞的速度，但不同分子通过脂双层扩散的速率差别很大，主要取决于它们在脂类和水之间的分配系数及其分子的大小。分子越小，分配系数越大，通过质膜的速率越快。从图 6-1 中可以看出，小的、亲脂性的、非极性分子（如 O_2、CO_2、N_2 和苯等）容易溶解于脂双层，可迅速透过脂双层；小的、不带电荷的极性分子（如水、尿素、甘油等）如果足够小，也能很快透过脂双层；大的、不带电荷的极性分子（如葡萄糖、蔗糖等）可以跨膜扩散运输，但比较困难；对于带电荷的分子或离子，由于这些分子的电荷及高的水化度，不论多小，都很难透过脂双层的疏水区，它们要通过载体介导的主动运输方式跨膜运输。所以人工脂双层对水的透性比那些直径小得多的 Na^+ 和 K^+ 大 10^9 倍。与人工脂双层膜不同的是，生物膜不但允许水和非极性分子通过简单的物理扩散作用透过，还允许各种极性分子，如离子、糖、氨基酸、核苷酸及很多细胞代谢产物采用特有的机制通过。

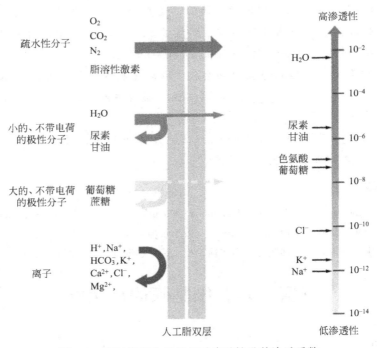

图 6-1　不同类型分子的相对渗透性及其渗透系数

悬浮在等渗溶液中的红细胞保持正常大小和双凹圆碟形。在高渗溶液中细胞失水皱缩，在低渗溶液中细胞吸水而膨胀（图 6-2）。将红细胞放置在各种等渗溶液中，质膜对

图 6-2　血红细胞在不同渗透压溶液中的形态

（a）低渗溶液，细胞吸水而膨胀；（b）高渗溶液，细胞失水而皱缩；（c）等渗溶液，细胞体积不变，生理状态正常

各种溶质的渗透性不同，有的溶质可渗入，有的溶质不能渗入，能渗入的溶质速度也有差异。由于渗入红细胞的溶质能提高红细胞渗透压，为维持渗透压的平衡，水分子进入红细胞，造成红细胞逐步胀大并双侧凸起，当体积增加 30% 时成为球形；体积增加 45%～60% 则细胞膜破裂，血红蛋白从细胞中逸出，絮状的悬浮细胞消失，光线较容易透过溶液，使溶液由浑浊变为澄清，此现象即为溶血。可通过观察红细胞溶血现象及检测溶血所需的时间来比较溶质渗入的速度和能力。

实验材料、用品

1. 实验器材：50mL 烧杯，试管（5×150mm），试管架，移液管（5mL、0.5mL）。

2. 实验材料：鸡血红细胞。

3. 试剂：0.17mol/L 氯化钠，0.17mol/L 氯化铵，0.17mol/L 醋酸铵，0.17mol/L 硝酸钠，0.12mol/L 草酸铵，0.12mol/L 硫酸钠，0.32mol/L 葡萄糖，0.32mol/L 甘油，0.32mol/L 乙醇，0.32mol/L 丙酮。

实验步骤

一、鸡血细胞的制备

1. 从市场购买 2～3kg 的公鸡，采用割颈取血的方法，将鸡血滴入盛有 10mL 抗凝剂（抗凝剂的配方见附录 5）的 500mL 烧杯中，边滴加边晃动混匀；然后估计鸡血的量，按照 1∶8 的比例用生理盐水（0.9% 或 0.17mol/L 氯化钠）进行稀释。

注意：上述步骤需在教师指导下进行操作，或由专门的实验技术人员操作。

2. 将稀释的鸡血分装在 10mL 的玻璃试管中，供每组进行实验。多余的鸡血细胞悬液放入 4℃ 冰箱保存备用。

二、溶血现象的观察

1. 取试管一支，加入 5mL 蒸馏水，再加入 0.5mL 稀释鸡血。轻轻振荡试管，注意观察鸡血溶液颜色的变化。

 溶液由絮状的浑浊状态转为澄清。

注意：

• 在溶液颜色上，要注意区分澄清和无色的区别。血细胞中含有红色的血红蛋白，当细胞溶血后血红蛋白释放到溶液中，溶液的颜色为淡红色，但此时溶液是澄清的。

• 从振荡试管开始计时，注意计算溶液变澄清所需要的时间。

2. 取另一支试管，加入 0.17mol/L 氯化钠 5mL，再加入 0.5mL 稀释鸡血，轻轻摇动，观察溶液颜色的变化，有无溶血现象？

思考：为什么鸡血细胞在 0.17mol/L 氯化钠溶液中没有发生溶血现象？

注意：上述两步骤实验是建立溶血现象的直观印象（一个溶血，一个不溶血），也是下列实验的两个参照物。

3. 取 11 支试管从 1 至 11 进行编号，第 12 号试管盛稀释的鸡血悬浮液，按照表 6-1

依次用移液管加入 5mL 的溶液，并逐一向每支试管中加入 0.5mL 稀释的鸡血，并对是否溶血以及溶血的时间和原因进行分析。

表 6-1　不同低渗溶液中的溶血现象

试管编号		是否溶血	时间	溶血与否的原因分析
1	5mL 水 + 0.5mL 稀释鸡血			
2	5mL 氯化钠 + 0.5mL 稀释鸡血			
3	5mL 氯化铵 + 0.5mL 稀释鸡血			
4	5mL 醋酸铵 + 0.5mL 稀释鸡血			
5	5mL 硝酸钠 + 0.5mL 稀释鸡血			
6	5mL 草酸铵 + 0.5mL 稀释鸡血			
7	5mL 硫酸钠 + 0.5mL 稀释鸡血			
8	5mL 葡萄糖 + 0.5mL 稀释鸡血			
9	5mL 甘油 + 0.5mL 稀释鸡血			
10	5mL 乙醇 + 0.5mL 稀释鸡血			
11	5mL 丙酮 + 0.5mL 稀释鸡血			

注意：
- 在实验中，若超过 10min 仍然不溶血，颜色未变澄清，即可做下一个溶液的检测，最多只能同时观察两个试管内溶液的颜色变化。
- 溶液超过 20min 仍未溶血即可确定为"不溶血"，做好记录。

实验结果

完成表 6-1 的实验内容。

实验报告

在规定时间内认真书写实验报告并上交，重点放在对不同溶液引起溶血快慢的原因分析上，要从分子极性、离子大小、分子对称性等方面考虑。

注意事项

1. 由于溶血有快有慢，故要求计时要精确到秒。
2. 最好每管计时完毕，再进行另一管的操作。
3. 移液管和吸耳球的正确使用方法。
4. 试管振荡时的正确操作。

参考文献

[1] 杨汉民. 细胞生物学实验. 第二版. 北京：高等教育出版社，1997：54-55.
[2] 王金发，何炎明. 细胞生物学实验教程. 北京：科学出版社，2004：67-69.
[3] Alberts B, Johnson A, Lewis J, et al. Molecular Biology of the Cell. 5th ed. New York：Garland Publishing Inc，2007：653-653.

[4] 程旺元，余光辉，陈雁，刘学群，王春台．红细胞膜通透性的实验结果分析．实验科学与技术，2009，12：234-235.

[5] 王金发．细胞生物学．北京：科学出版社，2003：106-108.

【实验七】 去污剂对红细胞膜稳定性的影响

实验目的

1. 掌握用比色计测量去污剂对细胞膜溶解作用的原理。
2. 了解各种去污剂对细胞膜稳定性的影响，学会该技术并进行相关研究工作。

课前预习

1. 认真阅读附录 6～附录 9，熟悉离心机和分光光度计的使用方法。
2. 简述去污剂造成细胞膜溶解的作用原理。
3. 如何将溶液的质量浓度转为物质的量浓度。
4. 认真阅读实验步骤二和步骤三，比较表 7-1 和表 7-2，将表 7-2 的内容填写完整，实验前单独上交给老师。

实验原理

去污剂是一种能在水中形成微囊的双亲性小分子，这种微囊可以与脂双层发生相互作用形成磷脂和去污剂混合的微囊，或者是蛋白质、去污剂以及磷脂混合的微囊，它们以磷脂-去污剂-蛋白质或者去污剂-蛋白质混合物的形式存在于水溶液中。非离子型去污剂 Triton X-100 促使了脂质混合物中脂筏结构的形成并且会诱使脂筏微区内的相态发生改变，溶解细胞膜中的非脂筏成分，从而使细胞膜破裂。

此外，其他去污剂可以溶解细胞膜上的磷脂化合物，从而使细胞膜破裂，释放出细胞内血红蛋白。血红蛋白在 540nm 有特异吸收峰，将去污剂作用后的无细胞膜溶液于 540nm 处检测的 A 值大小可以表示不同去污剂对红细胞膜的溶解作用强弱。

实验材料、用品

1. 材料：鸡血。
2. 试剂

（1）中性去污剂：0.1% Triton X-100（即 1g/L，也就是 1000mg/L，该溶液为母液，用时需要稀释到相应浓度）。

（2）阳离子去污剂：0.1%十六烷基三甲基溴铵（CTAB）（即 1g/L，也就是 1000mg/L，该溶液为母液，用时需要稀释到相应浓度）。

（3）阴离子去污剂：0.1%十二烷基硫酸钠（SDS）（即 1g/L，也就是 1000mg/L，该溶液为母液，用时需要稀释到相应浓度）。

（4）不同浓度 Triton X-100：用生理盐水配制成 160mg/L、140mg/L、120mg/L、100mg/L、80mg/L、60mg/L。

3. 仪器：722 型分光光度计，离心机，移液管（1mL、0.5mL），恒温培养箱。

实验步骤

一、红细胞等渗溶液的制备（参看实验六，该步骤由教师完成）

取已加抗凝剂的鸡血 7.5mL，加生理盐水 30.0mL	→	2500r/min 离心 10min，收集沉下的红细胞

收集沉淀，加 30mL 生理盐水悬浮，4℃ 储存备用	←	生理盐水洗涤一次(15mL)，2500r/min 离心 10min

二、同质量浓度去污剂对细胞膜的溶解作用比较

1. 取 3 支玻璃试管，3 支 8mL 塑料离心管，按表 7-1 分别对应加入去污剂。

注意：为保证实验结果的可靠，最好的方法是依次逐个测量每种去污剂的吸收值。

表 7-1　不同去污剂对细胞膜的溶解作用

管号\项目	1		2		3	
	玻璃试管	离心管	玻璃试管	离心管	玻璃试管	离心管
去污剂种类	0.1% Triton X-100		0.1% CTAB		0.1% SDS	
加去污剂体积/mL	0.5	0.5	0.5	0.5	0.5	0.5
生理盐水/mL	4.2	4.0	4.2	4.0	4.2	4.0
红细胞等渗溶液/mL	—	0.2	—	0.2	—	0.2
2500r/min 离心	—	10min	—	10min	—	10min
A_{540}	0		0		0	
与 Triton X-100 的 A_{540} 相比的相对溶解作用	100%					

　　以 Triton X-100 的 A 值作为 100% 的溶解作用（对照），计算其他去污剂的相对溶解作用。

　　2. 玻璃试管中各加 0.2mL 生理盐水，作为空白对照；塑料离心管中各加 0.2mL 红细胞等渗溶液小心混匀，2500r/min 离心 10min，收集上清液。

注意：
- 注意反应时间的准确性，最好反应 5min，离心 5min，离心后马上进行吸收值测定。
- 离心机在使用过程中要注意离心管的平衡、对称放置原则。
- 在离心后如因分光光度计使用繁忙，不能马上测量时，需把离心后的上清液小心转移到另一干净的离心管中（注意不要扰动下层溶液），然后再进行测量。

　　3. 以不含红细胞的去污剂作参比，测 540nm 的吸收值（A 值）。

注意：掌握分光光度计的操作技术要点，严格精确地检测，最好一组、一组地测量，一种去污剂的吸收值测定完毕后，再进行另一种去污剂吸收值的测量。

三、同物质的量浓度去污剂对细胞膜的溶解作用比较

　　考虑到去污剂 Triton X-100、CTAB 和 SDS 分子量的不同，即同为 0.1% 浓度的溶液其物质的量浓度是不同的，请以 0.1% 浓度为基础，自主设计一个实验，完成表 7-2，比较三种去污剂在等物质的量浓度情况下对细胞膜的溶解作用。提示三种去污剂的相对分子质量分别为 Triton X-100，647；CTAB，364.446；SDS，288.38。去污剂用生理盐水稀释。

表 7-2　不同去污剂对细胞膜的溶解作用

管号 项目	1		2		3	
	玻璃试管	离心管	玻璃试管	离心管	玻璃试管	离心管
去污剂种类	0.1% Triton X-100		0.1% CTAB		0.1% SDS	
加去污剂体积/mL	0.5	0.5				
生理盐水/mL	4.2	4.0				
红细胞等渗溶液/mL	—	0.2	—	0.2	—	0.2
2500r/min 离心	—	10min	—	10min	—	10min
A_{540}	0		0		0	
与 Triton X-100 的 A_{540} 相比的相对溶解作用	100%					

　　以 Triton X-100 的 A 值作为 100% 的溶解作用（对照），计算其他去污剂的相对溶解作用。

四、不同浓度中性去污剂对细胞膜的溶解作用

　　根据表 7-3，配制不同浓度的中性去污剂 Triton X-100，按要求依次加入红细胞，小心混匀，置于 37℃ 恒温水浴（或者室温放置），随时观察细胞的溶血状况，并记录溶血时间。以中性去污剂的浓度为横坐标、溶血时间为纵坐标作图。

表 7-3　不同浓度中性去污剂对细胞膜的溶解作用

管号 项目	1	2	3	4	5	6	7	8	9	10
去污剂浓度/(mg/L)	180	170	160	150	140	130	120	110	100	80
加去污剂(0.1%)体积/mL	0.81	0.77	0.72	0.68	0.63	0.59	0.54	0.50	0.45	0.4
加生理盐水体积/mL	3.69	3.73	3.78	3.82	3.87	3.91	3.96	4.00	4.05	4.00
红细胞等渗溶液/mL	0.5									
溶血所需时间										

🧪 **实验结果**

　　完成本实验的表格内容。

🧪 **实验报告**

　　1. 绘制不同浓度的中性去污剂溶解细胞膜的浓度-溶解时间曲线。

　　2. 完成实验报告中各表格内容。

🧪 **思考题**

1. 去污剂对细胞膜稳定性的影响如何？原因是什么？

2. 如何比较不同去污剂对红细胞膜溶解性的大小？吸收值的大小和去污剂的作用强弱有什么关系？（参考附录 8 的原理）

3. 本次实验你有什么收获？如何做到实验的准确性和严密性？

🧪 **参考文献**

[1] 赵燕杰，金磊，程旺元，李劲，余光辉. 不同去污剂对细胞膜溶解作用的实验设计和思考. 实验室

研究与探索, 2010, 29 (9): 154-156.

[2] 张敏妍, 张明. Triton X-100 对红细胞中抗去污剂膜蛋白拆离的影响. 科技视界, 2012, 9: 26, 51-52.

【实验八】 植物凝集素对红细胞的凝集反应

实验目的

了解细胞发生凝集反应的原理, 了解凝集素的生物学功能。

课前预习

1. 什么是细胞识别? 什么是细胞黏着?

2. 简述细胞识别和黏着的分子基础。

实验原理

植物凝集素最早发现于 1888 年, Stillmark 在蓖麻 (*Ricinus communis* L.) 籽萃取物中发现了一种细胞凝集因子, 它具有凝集红细胞、淋巴细胞、纤维细胞和精子等的作用。凝集素是一类具有特异糖结合活性的蛋白, 具有一个或多个可以与单糖或寡糖特异可逆结合的非催化结构域, 能识别糖蛋白和糖脂中, 特别是细胞膜中复杂的碳水化合物结构, 即细胞膜表面的糖基。一种凝集素具有只对某一种特异性糖基专一性结合的能力, 通过与细胞表面的糖分子连接, 在细胞间形成 "桥", 从而使多个细胞聚集成团块状, 加入与凝集素互补的糖可以抑制细胞发生凝集。

植物凝集素还可识别并结合入侵者的糖结构域, 从而干扰该入侵者对植物产生的可能影响。植物凝集素的糖结合活性是针对外源寡糖, 参与植物的防御反应。许多植物凝集素可结合到诸如 Glc、Man 或 Gal 的单糖上, 尤其对植物中不常见外来的寡糖具有更高的亲和性。例如, 结合几丁质植物凝集素识别真菌细胞壁及无脊椎动物的外骨骼成分中的碳水化合物。Damme 和 Peumans (1998) 认为大多数植物凝集素存在于植物储藏器官中, 它们既可能作为一种氮源, 也可以在植物受到危害时作为一种防御蛋白发挥功能。因此植物凝集素是植物防御系统重要的组成部分, 在植物保护上起着重要作用。这种对胁迫的响应, 与其和组蛋白的相互作用有关。

凝集素还与糖的运输、储存物质的积累、细胞间的互作以及细胞分裂的调控有关。

实验材料、用品

1. 实验材料: 马铃薯块茎和韭菜叶片。

2. 实验试剂

(1) 磷酸盐缓冲液: 分别称取氯化钠 7.2g 和磷酸氢二钠 1.48g, 用蒸馏水溶解, 混合后用蒸馏水定容至 1000mL, 调 pH 值至 7.2。

(2) 2% 鸡血细胞。

(3) 生理盐水。

3. 实验仪器: 光学显微镜、研钵、离心管、离心机和载玻片等。

🧪 实验步骤

一、马铃薯块茎中的凝集素对红细胞的凝集反应

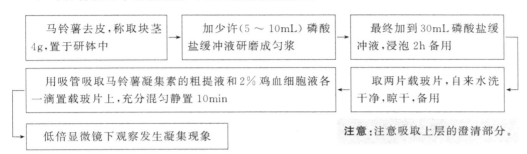

马铃薯去皮,称取块茎4g,置于研钵中 → 加少许(5～10mL)磷酸盐缓冲液研磨成匀浆 → 最终加到30mL磷酸盐缓冲液,浸泡2h备用

取两片载玻片,自来水洗干净,晾干,备用 ← 用吸管吸取马铃薯凝集素的粗提液和2%鸡血细胞液各一滴置载玻片上,充分混匀静置10min

低倍显微镜下观察发生凝集现象

注意:注意吸取上层的澄清部分。

注意:注意观察比较视野中细胞团块大小和游离细胞的数量、分布。

😀 请设计一个对照试验,观察细胞未发生凝聚反应的现象。

思考:细胞发生凝聚反应和未发生凝聚反应有什么区别?请绘图示意这一区别。

二、韭菜叶中的凝集素对红细胞的凝集反应

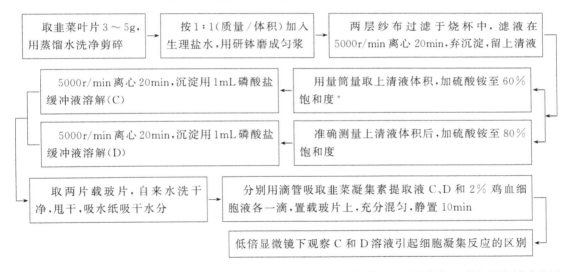

取韭菜叶片3～5g,用蒸馏水洗净剪碎 → 按1:1(质量/体积)加入生理盐水,用研钵磨成匀浆 → 两层纱布过滤于烧杯中,滤液在5000r/min离心20min,弃沉淀,留上清液

5000r/min离心20min,沉淀用1mL磷酸盐缓冲液溶解(C) ← 用量筒量取上清液体积,加硫酸铵至60%饱和度*

5000r/min离心20min,沉淀用1mL磷酸盐缓冲液溶解(D) ← 准确测量上清液体积后,加硫酸铵至80%饱和度

取两片载玻片,自来水洗干净,甩干,吸水纸吸干水分 → 分别用滴管吸取韭菜凝集素提取液C、D和2%鸡血细胞液各一滴,置载玻片上,充分混匀,静置10min

低倍显微镜下观察C和D溶液引起细胞凝集反应的区别

思考:* 根据附录10和量得的溶液体积,能否计算出达到60%硫酸铵饱和度时硫酸铵的质量(g)?硫酸铵由60%饱和度提高到80%饱和度时又当如何计算?

注意:试剂的称量是一项基本功,你是否在实验台面上把硫酸铵洒得到处都是?

😀 硫酸铵应当一边溶解,一边搅拌,直至完全溶解,杜绝把硫酸铵全部一下子都加入溶液中。

🧪 实验结果

实验结果见图8-1。

凝集素作为一种能与糖专一结合的蛋白质,与鸡血红细胞表面的糖分子连接,在两细胞间形成一个"桥",将两个细胞黏结在一起。由于细胞表面分布有许多糖分子,因此一

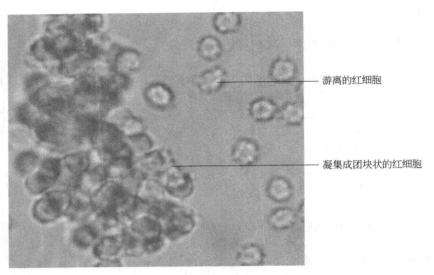

图 8-1　鸡血细胞在凝集素作用下发生的凝集反应

个细胞能以辐射状向不同方向与多个细胞间形成多个"桥",进而将许多细胞聚集在一起,形成团块状。而未凝集的细胞在视野中呈现游离的分散状态,没有聚集成团块,也没有结合到其他已形成团块状的细胞团中。其原因主要取决于空间距离、凝集素强度和效率、凝集时间等。

🧪 实验报告

　　绘图表示血细胞凝集现象,并说明原因。

🧪 思考题

1. 植物细胞凝集素在鸡血红细胞凝集过程中起的作用?
2. 哪些因素影响细胞凝集反应?
3. 比较你自己所选材料与马铃薯和韭菜的凝集效率:可用凝集细胞占总细胞的比率、细胞产生凝集所需时间作为比较依据。

🧪 参考文献

[1] Van Damme EJ, Peumans M. Plant lectins: versatile proteins with important perspectives in biotechnology. Biotechnology and Genetic Engineering Reviews, 1998, 15: 199-228.

[2] Schouppe D, Ghesquière B, Menschaert G, De Vos WH, Bourque S, Trooskens G, Proost P, Gevaert K, Van Damme EJ. Interaction of the tobacco lectin with histone proteins. Plant Physiol, 2011, 155 (3): 1091-1102.

【实验九】 线粒体和液泡系的超活染色与观察

🧪 实验目的

　　学习和掌握线粒体和液泡活体染色的技术和方法。

课前预习

1. 线粒体是一种什么样的细胞器？了解其特异性染料的特性。

2. 液泡是一种什么样的细胞器？了解其特异性染料的特性。

实验原理

活体染色是能使生活的有机体细胞或组织特异性着色但对活样品又没有毒害作用的一种活体染色方法。其目的是显示生活细胞内的某些结构，而不影响细胞的生命活动和产生任何物理、化学变化以致引起细胞死亡。活体染色技术可用来研究生活状态下的细胞形态结构和生理、病理状态。

通常把活体染色分为体内活体染色与体外活体染色两类，体外活体染色又称超活染色，它是由活的动植物分离出部分细胞或组织小块，以染料溶液浸染，染料被选择固定在活细胞的某种结构上而显色。活体染料之所以能固定、堆积在细胞内某些特殊部位，主要是靠染料的"电化学"特性。碱性染料的胶粒表面带阳离子，酸性染料的胶粒表面带有阴离子，而被染的部位本身也是具有阴离子或阳离子，这样，它们彼此之间就发生了吸引作用。但并非任何染料均可用于活体染色，理论上应选择那些对细胞无毒性或毒性极小的染料，且使用时需要配成稀淡的溶液。一般来说，最为适用的是碱性染料，这可能是因为它具有溶解于类脂质（如卵磷脂、胆固醇等）的特性，易于被细胞吸收。詹纳斯绿 B（Janus green B）和中性红（neutral red）两种碱性染料是活体染色剂中最重要的染料，对线粒体和液泡系的染色分别具有专一性。

线粒体是细胞内一种重要细胞器，是细胞进行呼吸作用的场所，细胞的各项活动所需要的能量，主要是通过线粒体呼吸作用来提供的。詹纳斯绿 B 是线粒体的专一性活体染色剂。线粒体中细胞色素氧化酶使染料保持氧化状态（即有色状态）呈蓝绿色，而在周围的细胞质中染料被还原，成为无色状态。

中性红为弱碱性染料，对液泡系（即高尔基体）的染色有专一性，只将活细胞中的液泡系染成红色，细胞核与细胞质完全不着色，这可能与液泡中某些蛋白质有关。

实验材料、用品

1. 实验器材：显微镜，恒温水浴锅，解剖盘，剪刀，镊子，双面刀片，载玻片，盖玻片，吸管，牙签和吸水纸等。

2. 实验材料：人口腔上皮细胞；洋葱；小麦根尖。

3. 试剂

（1）Ringer 溶液：氯化钠 0.85g，氯化钾 0.25g，氯化钙 0.03g，蒸馏水 100mL。

（2）1%、1/3000 中性红溶液：称取 0.5g 中性红溶于 50mL Ringer 溶液，稍加热（30～40℃），使之很快溶解，用滤纸过滤，装入棕色瓶于暗处保存，否则易氧化沉淀，失去染色能力。临用前，取已配制的 1%中性红溶液 1mL，加入 29mL Ringer 溶液混匀，装入棕色瓶备用。

（3）1％，1/5000 詹纳斯绿 B 溶液：称取 50mg 詹纳斯绿 B 溶于 5mL Ringer 溶液中，稍微加热（30～40℃），使之溶解，用滤纸过滤后，即为 1％原液。取 1％原液 1mL 加入 49mL Ringer 溶液，即成 1/5000 工作液，装入瓶中备用。最好现用现配，以充分保持它的氧化能力。

实验步骤

一、人口腔黏膜上皮细胞线粒体的超活染色与观察

在清洁干燥的载玻片上滴 2 滴 1/5000 詹纳斯绿 B 染液 → 干净灭菌的牙签宽头在口腔颊黏膜处稍用力刮取上皮细胞

注意：切勿刮破黏膜，用力小而均匀。

盖上盖玻片，低倍、高倍显微镜下观察 ← 染色 10 ～ 15min ← 将刮下的细胞与载玻片上的染液混匀

注意：在染色过程中不可使染液干燥，必要时可再加一滴染液。

可见扁平状上皮细胞的核周围胞质中，分布着一些被染成蓝绿色的颗粒状或短棒状的结构即为线粒体

二、洋葱鳞茎内表皮细胞线粒体的超活染色与观察

滴 2 滴 1/5000 詹纳斯绿 B 染液于清洁干燥的载玻片上 → 撕取一小块洋葱鳞茎内表皮 → 放入载玻片上詹纳斯绿 B 染液中染色 10 ～ 15min，注意使内表皮组织展平

注意：内表皮面积应小于 3mm×5mm，否则不易展平，或者用镊子压住展平后浸入染液中。

盖上盖玻片，低倍、高倍显微镜下观察 ← 用吸管吸去染液，加一滴 Ringer 液，注意使内表皮组织展平

注意：细胞中央为大液泡，细胞质和细胞核被挤至一侧贴细胞壁处。注意识别核周围或细胞质中被染成蓝绿色的颗粒状或短棒状的线粒体结构。

三、植物细胞液泡系的超活染色与观察

取小麦的根尖 1～2cm，用刀片纵切根尖，按图 9-1 顺序操作。

图 9-1 显示了将小麦的根尖纵切为二的过程。这一过程需要极大的耐心。能否成功纵切为二，是染色实验成败的关键。

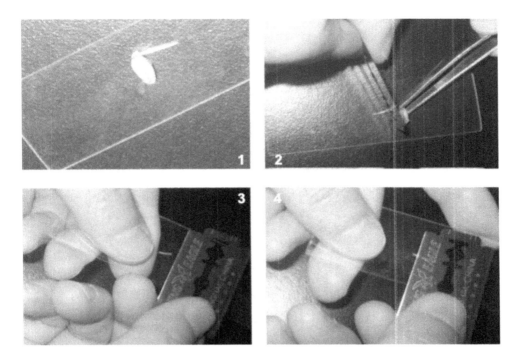

图 9-1　小麦根尖纵切流程示意图

1—将小麦的根尖放在载玻片上；2—然后将根尖切断；

3—用一个盖玻片压着根尖；4—用刀片沿着缝隙进行切割

取小麦的根尖 1～2cm 于洁净干燥载玻片上，将根尖纵切为二(图 9-1) → 滴 1～2 滴中性红染液，浸染根尖 5～10min → 吸去染液，滴一滴 Ringer 溶液

低倍镜下找到根尖分生区细胞 ← 盖上盖玻片，用镊子轻轻地下压盖玻片，使根尖压扁，细胞分散，利于观察

转到高倍镜下可见整个细胞质中染成不均匀的玫瑰红色，即为分散着很多大小不等的圆形的初生小液泡 → 由分生区向伸长区观察，在一些已分化长大的细胞内，液泡的染色较浅

在成熟区细胞中，一般只有一个淡红色的巨大液泡，显微镜下可见整个细胞染成均匀的淡红色，占据细胞的绝大部分，将细胞核挤到细胞一侧贴近细胞壁处

注意：

• 分生区细胞的液泡体积小、数量多，细胞的体积呈正方形。

• 伸长区细胞的液泡体积大、数量少，细胞的体积呈长方形；绘图时请注意绘出细胞形态和颜色的区别。

实验结果

1. 图 9-2 为人口腔黏膜上皮细胞线粒体的超活染色实验结果

如图 9-2 所示：扁平状的人口腔黏膜上皮细胞呈不规则多边形，细胞核为一深蓝色椭

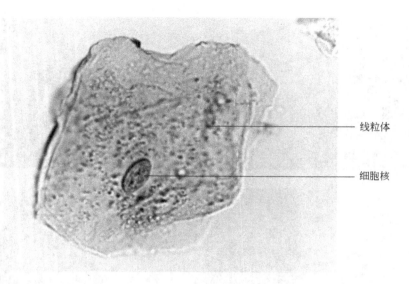

图 9-2　人口腔黏膜上皮细胞线粒体的詹纳斯绿 B 染色

圆形，核周围细胞质中散状分布着大量淡蓝色或淡绿色的颗粒状线粒体，胞质背景较清晰，颜色较淡。

2. 图 9-3 为洋葱鳞茎内表皮细胞线粒体的超活染色实验结果

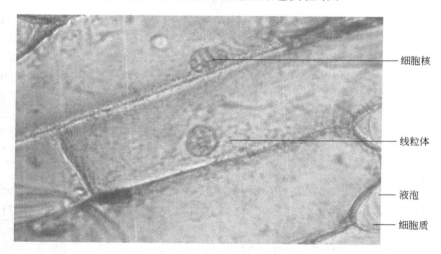

图 9-3　洋葱鳞茎内表皮细胞线粒体的詹纳斯绿 B 染色

　　长方形的洋葱鳞茎内表皮细胞中圆形或椭圆形细胞核被大液泡挤到靠近细胞壁的内缘。使用微调螺旋调动焦距会发现细胞壁的角落或者核周围有一个弧形或者曲线形的边缘线，即为液泡和胞质的分界线。在此边缘线和细胞壁间的细胞质区散状分布着大量淡蓝色或淡绿色的颗粒状线粒体，胞质背景较清晰，颜色较淡，说明詹纳斯绿 B 染液专染线粒体。

　　3. 图 9-4 为植物细胞液泡系的超活染色实验结果

　　如图 9-4 所示：小麦根尖分生区细胞呈"玉米粒"状，散布于细胞中的小液泡被中性红染成红色，由于小液泡间有间隙，从而使细胞内呈现不均匀的红色。而伸长区和成熟区

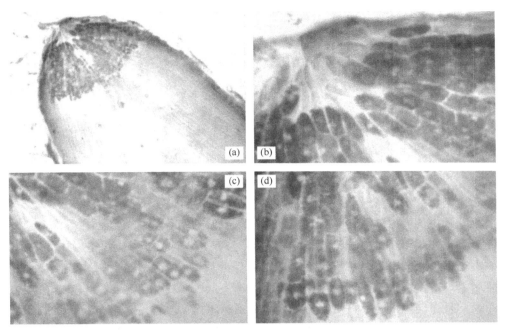

图 9-4　小麦根尖细胞液泡的中性红染色（见彩插）

（a）小麦根尖染色的整体图，显示伸长区细胞；（b）小麦根尖细胞的局部放大；

（c）、（d）分生区细胞中小的玫瑰红色的液泡，部分淡红色伸长区的细胞液泡也清晰可见

的细胞由于被一个巨大液泡占据，呈现出均一的红色，由此可以反映出细胞成熟过程中，小液泡会聚成大液泡，液泡数目由多变少的这一发育变化过程。

实验报告

1. 绘口腔黏膜上皮细胞示线粒体的形态与分布。
2. 绘洋葱鳞茎内表皮细胞示线粒体的形态与分布。
3. 分别绘小麦根尖生长点和成熟区细胞示液泡系的形态与分布。

参考文献

[1] Dubrovsky J G，Guttenberger M，Saralegui A，Napsucialy-Mendivil S，Voigt B，Baluska F，Menzel D. Neutral red as a probe for confocal laser scanning microscopy studies of plant roots. Ann Bot，2006，97（6）：1127-1138.

[2] Lee B C，Yoo J S，Baik K Y，Kim K W，Soh K S. Novel threadlike structures（Bonghan ducts）inside lymphatic vessels of rabbits visualized with a Janus Green B staining method. Anat Rec B New Anat，2005，286（1）：1-7.

【实验十】 叶绿体的分离与荧光观察

实验目的

1. 掌握离心方法分离叶绿体的一般原理和技术，并熟练掌握叶片的徒手切片技术。

2. 掌握荧光显微镜的使用方法，并观察叶绿体的自发荧光。

🧪 课前预习

1. 预习荧光显微镜的操作技术，什么是自发荧光？

2. 如何进行叶片徒手切片操作，才能在同一视野下观察表皮细胞、气孔、保卫细胞和叶肉细胞？

3. 如何徒手制作切片才能同时观察栅栏组织和海绵组织的叶肉细胞？此时还能看到表皮细胞、气孔和保卫细胞吗？

🧪 实验原理

叶绿体是植物细胞中较大的一种细胞器，是光合作用的场所。本实验用分级分离技术分离菠菜叶片中的叶绿体。分离细胞器的常用方法是将组织匀浆后悬浮在等渗介质中进行差速离心（见实验十一"差速离心技术"介绍）。一个颗粒在离心场中的沉降速率取决于颗粒的大小、形状和密度，也同离心力以及悬浮介质的黏度有关。在一给定的离心场中，同一时间内，密度和大小不同的颗粒其沉降速率不同。依次增加离心力和离心时间，就能够使非均一悬浮液中的颗粒按其大小、密度先后分批沉降在离心管底部，分批收集即可获得各种亚细胞组分。为防止渗透压的改变引起叶绿体的损伤，本实验用 0.35mol/L 氯化钠或 0.40mol/L 蔗糖等渗溶液来分离叶绿体。将菠菜的匀浆液在 1000r/min 离心，去除其中的组织残渣和一些未破碎的完整细胞，然后 3000r/min 离心，即可获得沉淀的叶绿体（混有部分细胞核）。

某些物质在一定短波长的光（如紫外光）照射下吸收光能进入激发态，从激发态回到基态时，就能在极短的时间内放射出比照射光波长更长的光（如可见光），这种光就称为荧光。若停止供能，荧光现象立即停止。有些生物体内的物质受激发光照射后，可直接发出荧光（称为自发荧光），如叶绿素的火红色荧光。有的生物材料本身不发荧光，但它吸收荧光染料后同样也能发出荧光（称为间接荧光），例如，吖啶橙是一种芳香杂环离子型染料，可透过细胞膜进入叶绿体内，叶绿体吸附吖啶橙后可发橘红色荧光。本实验利用荧光显微镜对叶绿体的自发荧光进行观察。

🧪 实验材料、用品

1. 实验器材：组织捣碎机、普通显微镜、普通离心机、电子天平、恒温箱、荧光显微镜、载玻片、盖玻片、镊子、接种针、目镜测微尺、镜台测微尺、培养皿、滤纸、试管、试管架、移液管、烧杯、研钵、50mL 烧杯 1 个、100mL 量筒 1 个、滴管 2 支、10mL 离心管 2 支和纱布若干等。

2. 实验材料：新鲜菠菜叶。

3. 试剂：0.35mol/L 氯化钠溶液，蒸馏水，0.01% 吖啶橙。

🧪 实验步骤

一、叶绿体分离（见下页框图）

二、菠菜叶徒手切片制作

取新鲜的嫩菠菜叶，洗净擦干。在载玻片上用刀片将叶片切成一个长方形的条状物

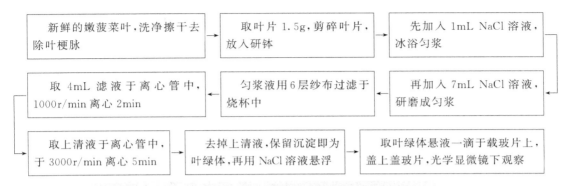

| 新鲜的嫩菠菜叶,洗净擦干去除叶梗脉 | → | 取叶片 1.5g,剪碎叶片,放入研钵 | → | 先加入 1mL NaCl 溶液,冰浴匀浆 |

| 取 4mL 滤液于离心管中,1000r/min 离心 2min | ← | 匀浆液用 6 层纱布过滤于烧杯中 | ← | 再加入 7mL NaCl 溶液,研磨成匀浆 |

| 取上清液于离心管中,于 3000r/min 离心 5min | → | 去掉上清液,保留沉淀即为叶绿体,再用 NaCl 溶液悬浮 | → | 取叶绿体悬液一滴于载玻片上,盖上盖玻片,光学显微镜下观察 |

注意:荧光显微镜的使用和操作参见实验二,在此不再赘述。

(图 10-1 中 1 和 2),然后将刀片倾斜 45°角,对长条形叶片进行切割(图 10-1 中 3 和 4),将切出的斜面置于载玻片上(图 10-1 中 5),切取斜面外缘露白的部分滴加 1~2 滴 NaCl 溶液,盖上盖玻片在显微镜下观察(图 10-1 中 6)。

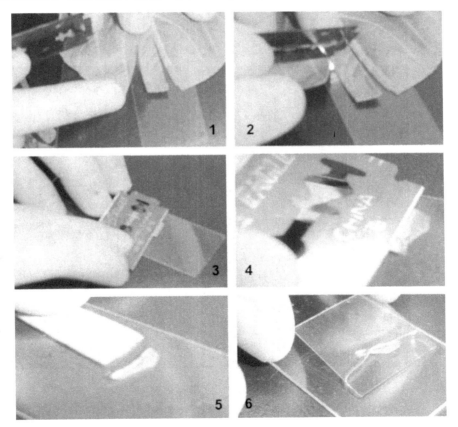

图 10-1　菠菜叶片的横切面流程示意图

实验结果

一、菠菜叶徒手切片观察

1. 在普通光镜下可以看到三种细胞。

(1)表皮细胞:为边缘呈锯齿形的鳞片状细胞,颜色较淡[图 10-2(a)]。

（2）保卫细胞：为构成气孔的成对存在的肾形细胞，两细胞间的空隙即为气孔；在紫外光照射下，保卫细胞发出蓝色荧光［图 10-2(b)］。

（3）叶肉细胞：为排列成栅状的长形和椭圆形细胞。叶绿体呈绿色橄榄形，在细胞内缘排列成一个明显的圆圈，在高倍镜下还可以看到绿色的基粒［图 10-2(c)］。

2. 在荧光显微镜下，叶绿体发出火红色荧光［图 10-2(d)］；在紫外光照射下，保卫细胞发蓝色荧光［图 10-2(e)］。

3. 用吖啶橙染色后，叶绿体则发出橘红色荧光，细胞核可发出绿色荧光，气孔仍为绿色。

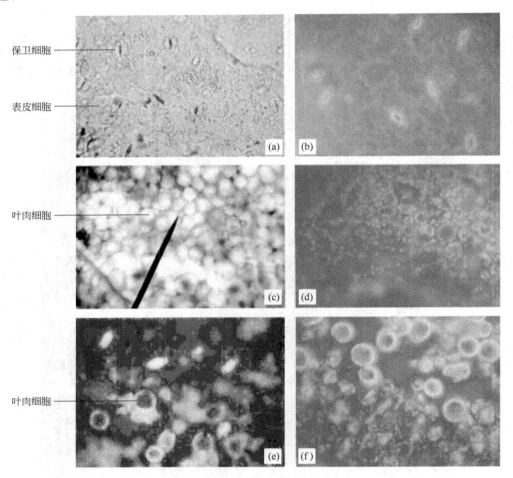

保卫细胞
表皮细胞
(a)
(b)
叶肉细胞
(c)
(d)
叶肉细胞
(e)
(f)

图 10-2　菠菜叶片各类型细胞的显微图像（见彩插）

(a)、(b) 用紫外光照射，可以看到发出蓝色荧光的保卫细胞和气孔结构；

(c) 叶肉细胞的明视野照片（整体部分）；(d) 叶肉细胞的红色荧光照片（整体部分）；

(e) 叶肉细胞的荧光照片（局部放大），用紫外光照射，可以看到发出蓝色荧光的保卫细胞；

(f) 叶肉细胞的红色荧光照片（局部放大）

二、叶绿体的分离和观察

1. 普通光镜下，可看到叶绿体为绿色橄榄形，在高倍镜下可看到叶绿体内部含有较深的绿色小颗粒，即基粒。

2. 荧光显微镜观察，用蓝色光激发，叶绿体发出火红色荧光 [图 10-2(f)]；

3. 加入吖啶橙染色后，叶绿体可发出橘红色荧光，而其中混有的细胞核则发绿色荧光。

实验报告

1. 绘制菠菜叶绿体的结构模式图。
2. 绘制菠菜叶的三种不同细胞的结构模式图。

思考题

1. 分离叶绿体实验的原理是什么？操作过程中应注意什么问题？
2. 普通光学显微镜和荧光显微镜的原理有何异同点？

参考文献

王金发，何炎明. 细胞生物学实验教程. 北京：科学出版社，2004：116-118.

【实验十一】 线粒体和细胞核的制备与观察

实验目的

1. 对分离得到的细胞核及线粒体进行活性鉴定。
2. 掌握用差速离心技术分离制备动植物细胞核及线粒体的方法。

课前预习

1. 细胞核是一种什么样的细胞器？你所知道的有什么染料可以对其特异性染色？
2. 简述分离细胞核的步骤。

实验原理

一、差速离心技术

差速离心技术是在一定的离心场中（选用离心机的一定转速），球状颗粒的沉降速度取决于它的密度、半径和悬浮介质的黏度。在一均匀的悬浮介质中离心一定时间，组织匀浆中的各种细胞器及其他内含物由于沉降速度不同将停留在高低不同的位置。依次增加离心力和离心时间，就能够使这些颗粒按其大小、轻重分批沉降在离心管底部，从而分批收集。细胞器沉降先后顺序是细胞核、线粒体、溶酶体和其他微体、核糖体和大分子。

线粒体是真核细胞特有的进行能量转换的重要细胞器。将动植物组织制成匀浆，利用细胞核与线粒体在一定介质中的沉降速度的差异，可采取分级差速离心的方法，将细胞核与线粒体逐级分离出来。

悬浮介质通常采用含蔗糖的缓冲溶液，它较接近细胞质的分散相，在一定程度上能保持细胞器的结构和酶的活性。pH7.2 的条件下，亚细胞组分不容易聚集成团，有利于分离。整个操作过程样品要保持在 $0\sim4℃$，避免酶失活。

二、细胞器标志酶

细胞器标志酶的测定是评价细胞器内膜组分和分离纯度的主要依据，如线粒体内膜上分布有细胞色素氧化酶，该酶使詹纳斯绿 B 染料保持在氧化状态呈现蓝绿色，从而使线粒体显色，而胞质中的染料被还原成无色。詹纳斯绿 B 是一种活体染料，能对动植物的细胞或组织在活体状态下进行无毒害的染色。由于碱性染料的胶粒表面带有阳离子，酸性染料的胶粒表面带有阴离子，而被染部分本身具有阴离子或阳离子，这样，它们彼此之间发生吸引作用，染料就被堆积下来。活体染色法可以显示出活细胞内的某种天然结构存在的真实性，而不影响细胞的生命活动和产生任何物理、化学变化导致细胞的死亡。

三、姬姆萨（Giemsa）染液

姬姆萨染液是一种复合染料，即为酸性染料与碱性染料的结合物。在水溶液中电离为带正电和负电的染料离子。嗜酸性物质（碱性成分）与酸性染料伊红结合，染粉红色；嗜碱性物质（酸性成分）与碱性染料美蓝或天青结合，染紫蓝色；中性物质呈等电状态与伊红和美蓝均可结合，染淡紫色。

细胞中含有多种两性电解质，例如蛋白质等，pH 对细胞的姬姆萨染色有很大影响。因此配制姬姆萨染液必须用优质甲醇，稀释染色必须用缓冲液，冲洗用水应接近中性，否则可导致各种细胞染色反应异常，以致识别困难，甚至造成错误。

实验材料、用品

1. 器材：解剖刀，剪刀，漏斗，玻璃匀浆器，研钵，尼龙织物或纱布，离心管，显微镜和冷冻高速离心机等。

2. 材料：小白鼠肝脏，玉米黄化苗。

3. 试剂

（1）动物细胞核分离介质：0.25mol/L 蔗糖＋0.01mol/L 三羟甲基氨基甲烷（Tris)-盐酸缓冲液（pH7.4）。

（2）植物细胞核分离介质：0.25mol/L 蔗糖，50mmol/L Tris-HCl 缓冲液（pH7.4），3mmol/L EDTA，0.75mg/mL BSA。

（3）1% 詹纳斯绿 B（Janus green B）染液。

（4）姬姆萨染液。

（5）$\frac{1}{15}$mol/L 磷酸盐缓冲液（pH6.8）。

（6）卡诺（Carnoy）固定液。

（7）0.9% 生理盐水。

实验步骤

一、玉米线粒体及细胞核的分离

（一）实验前的准备

1. 制备黄化苗。

2. 蔗糖溶液（分离介质）预冷。

3. 研钵预冷。

4. 冷冻离心机的预制冷。

（二）实验流程

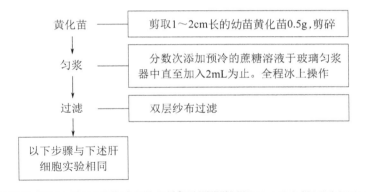

黄化苗 —— 剪取1～2cm长的幼苗黄化苗0.5g,剪碎

匀浆 —— 分数次添加预冷的蔗糖溶液于玻璃匀浆器中直至加入2mL为止。全程冰上操作

过滤 —— 双层纱布过滤

以下步骤与下述肝细胞实验相同

注意：涂片方法见图 11-1。

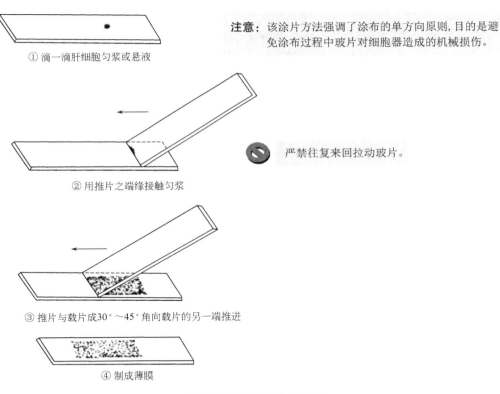

① 滴一滴肝细胞匀浆或悬液

注意：该涂片方法强调了涂布的单方向原则,目的是避免涂布过程中玻片对细胞器造成的机械损伤。

严禁往复来回拉动玻片。

② 用推片之端缘接触匀浆

③ 推片与载片成30°～45°角向载片的另一端推进

④ 制成薄膜

图 11-1 涂布制片示意图

二、肝细胞细胞核和线粒体的分离

（一）实验前的准备

1. 小鼠空腹处理 12h。

2. 蔗糖溶液（分离介质）预冷。

3. 匀浆器预冷。

4. 冷冻离心机的预制冷。

（二）实验流程

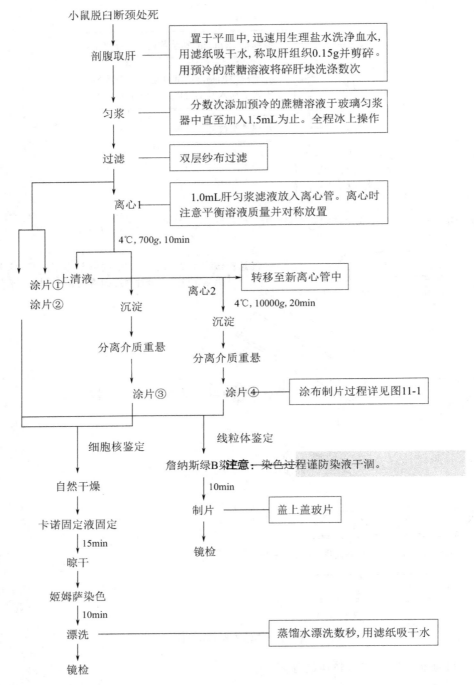

实验结果

图 11-2 为小鼠肝脏细胞细胞核的姬姆萨染色示意图。

实验报告

1. 画出小鼠肝细胞的细胞核和线粒体示意图。
2. 画出玉米黄化苗的细胞核和线粒体示意图。

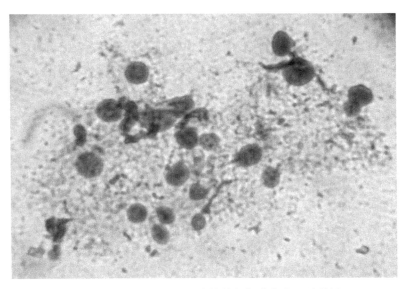

图 11-2　小鼠肝脏细胞细胞核的姬姆萨染色（见彩插）

注意事项

一、离心机的使用

1. 离心时的转速常用重力加速度单位 g 和 r/min（每分钟多少转）来表示，它们之间的关系通常和离心机转子的半径有关，换算关系见附表 9。

2. 配平并对称放置样品。

3. 离心机完全静止才能打开盖子，不要强行关闭电源。

二、全程低温操作

1. 试验全过程要在 0～4℃ 低温条件下进行。

2. 如果使用非冷冻控温的离心机，一般只宜分离细胞核，同时注意使样品保持冷冻。

3. 尽可能充分破碎组织，缩短匀浆时间。

4. 整个分离过程不宜过长。

思考题

1. 线粒体提取分离过程中，为什么要在 0～4℃ 的低温环境下进行？

2. 要获得高活性的线粒体，在线粒体提取、分离和活性鉴定的过程中需注意哪些问题？

参考文献

赵刚. 医学细胞生物学实验教程. 北京：科学出版社，2008.

【实验十二】酸性磷酸酶的显示方法

实验目的

掌握酸性磷酸酶显示方法的基本原理和技术；观察酸性磷酸酶在细胞内的分布状况。

课前预习

1. 什么叫酶细胞化学技术？酸性磷酸酶是什么细胞器的特异标志性酶？
2. 简述酸性磷酸酶显示方法的原理和如何特异性捕捉到该酶的存在？

实验原理

酶细胞化学技术（enzyme cytochemistry）是通过酶的特异细胞化学反应来显示酶在细胞内的定位。这一方法对研究细胞的生理功能和病理过程具有重要作用。这一技术的基本原理是，将细胞内的酶与底物相互作用，再将酶反应的产物作为反应底物，在酶的作用部位进行捕捉，使其在显微镜下具有可见性。捕捉反应的最终目的是形成有色沉淀，如金属盐沉淀法、色素沉淀法等。在本实验中，小白鼠经过肉汤的注射产生了免疫反应，产生了大量的巨噬细胞，在适当的酸性条件下，巨噬细胞内的酸性磷酸酶能使磷酸酯（β-甘油磷酸钠）水解成磷酸盐，后者与硝酸铅反应产生磷酸铅（但磷酸铅为无色沉淀，显微镜下不可见），然后将硫化铵和磷酸铅发生置换反应生成黑色的硫化铅沉淀，成为光学显微镜下的可见现象。硫化铅沉积在胞浆内酸性磷酸酶所在处，显示棕黑色颗粒。酶活性强弱可根据颗粒的数量和粗细不同而分级判断，颗粒数量少而细的为＋，颗粒多而粗的为＋＋，颗粒很多且很粗的为＋＋＋。

有关细胞化学组织技术的详细介绍参见附录11。

本实验的技术特点如下：

① 采用冷冻涂片和中性福尔马林固定，可避免在固定、包埋及制片过程中酶的失活，保证了实验的稳定性。

② 采用较短的作用时间，可避免细胞质内其他蛋白质及核内出现阳性现象，保证了实验的可靠性。

③ 以姬姆萨染色的巨噬细胞为观察对象，细胞核、细胞轮廓以及细胞质中反应沉淀的颗粒都比较清晰，有助于深入理解细胞吞噬作用、溶酶体功能和分布以及溶酶体标志酶——酸性磷酸酶的性质等问题。

实验材料、用品

1. 器材：培养箱，冰箱，显微镜，载玻片，染色缸，注射器等。
2. 材料：小白鼠。
3. 试剂
（1）10％中性福尔马林（pH6.8～7.1）。
（2）酸性磷酸酶作用液。
（3）1％硫化铵溶液。
（4）姬姆萨染液（1∶30）。
（5）6％淀粉肉汤。

实验步骤

一、小白鼠腹腔注射肉汤的操作步骤和要领（实验中要善待小鼠）

图 12-1 显示向小白鼠腹腔内注射肉汤或生理盐水以及最后抽取腹腔液的过程示意图。

在实验中要做好自身防护，防止被小白鼠咬伤或被注射器扎伤。万一被咬伤的话，需到卫生防疫部分注射相关疫苗。

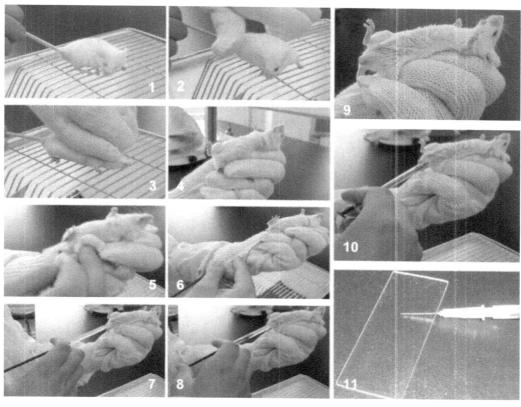

图 12-1　巨噬细胞抽取流程示意图

两人一组,其中一人左手戴白色手套从老鼠笼中提起一只小白鼠的尾巴,将其放置于桌面上(图 12-1 中 1 ~ 3)

右手徒手抓住小白鼠的尾巴,左手戴手套用食指和大拇指将小鼠耳朵后面按住,再揪起耳朵后面的毛皮,将尾巴夹在无名指、小指头和手掌之间,使其腹部右倾朝上(图 12-1 中 4,5)

另一同学将注射器针头拔去,吸取 1mL 淀粉肉汤或者生理盐水,装上针头,竖直向上排出空气

右手持镊子取一个酒精棉球,在其腹部轻擦两圈消毒

注射器以 20° ~ 30°(低于 45°)角斜插入小鼠腹腔内,1/3 长度的针头插入即可,以避免伤及内脏造成死亡,注意使针头斜面朝上(图 12-1 中 6 ~ 8)

缓缓将溶液注入小鼠腹腔内,注意要稳住针头,不要晃动,以避免伤及内脏造成死亡,注射完后针头面朝下匀速抽出针头(图 12-1 中 9,10);

注射完后用蒸馏水洗净注射器。整个过程要注意:注射器和针头始终不能离开桌面,不能到处晃动以免扎伤别人,用完后套上针头帽,再放入装针头的专用铝盒中

实验当天,按照上述方法先向小白鼠腹腔内注射 1mL 生理盐水,然后让小白鼠活动 3 ~ 5min,然后抓取小白鼠,抽取腹腔液,将抽取的腹腔液涂抹在预冷的玻片上(图 12-1 中 11)

二、实验操作步骤

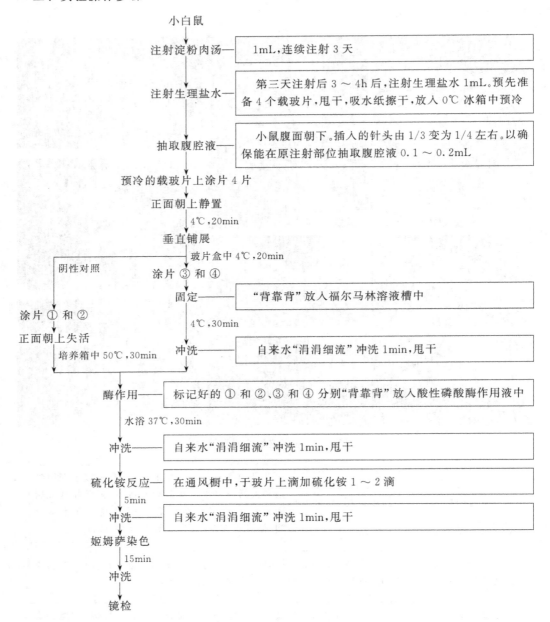

小白鼠

注射淀粉肉汤——｜ 1mL,连续注射 3 天

注射生理盐水——｜ 第三天注射后 3～4h 后,注射生理盐水 1mL。预先准备 4 个载玻片,甩干,吸水纸擦干,放入 0℃ 冰箱中预冷

抽取腹腔液——｜ 小鼠腹面朝下。插入的针头由 1/3 变为 1/4 左右。以确保能在原注射部位抽取腹腔液 0.1～0.2mL

预冷的载玻片上涂片 4 片

正面朝上静置
　　　4℃,20min

垂直铺展
　　　玻片盒中 4℃,20min

涂片 ③ 和 ④

固定——｜ "背靠背"放入福尔马林溶液槽中
　　　4℃,30min

冲洗——｜ 自来水"涓涓细流"冲洗 1min,甩干

阴性对照

涂片 ① 和 ②

正面朝上失活
　　　培养箱中 50℃,30min

酶作用——｜ 标记好的 ① 和 ②、③ 和 ④ 分别"背靠背"放入酸性磷酸酶作用液中
　　　水浴 37℃,30min

冲洗——｜ 自来水"涓涓细流"冲洗 1min,甩干

硫化铵反应——｜ 在通风橱中,于玻片上滴加硫化铵 1～2 滴
　　　5min

冲洗——｜ 自来水"涓涓细流"冲洗 1min,甩干

姬姆萨染色
　　　15min

冲洗

镜检

🧪 实验结果

　　图 12-2 为较为理想的实验结果。实验组巨噬细胞的细胞质中,不均匀分布了许多棕色或棕黑色的颗粒和斑块。部分细胞内,酸性磷酸酶含量极为丰富,几乎整个细胞质区域都有黑色沉淀 (图 12-2,箭头所示)。中性粒细胞呈现阴性反应,颜色稍淡,体积稍小。对照组中两类细胞为颜色稍浅的蓝紫色或红紫色 (图 12-2)。

🧪 实验报告

　　分别绘制对照和样品巨噬细胞中酸性磷酸酶的分布图。

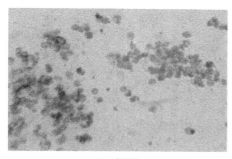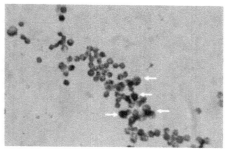

(a) 对照组   (b) 实验组

图 12-2　巨噬细胞酸性磷酸酶的酶化学染色（见彩插）

思考题

向小白鼠腹腔内注射肉汤的目的是什么？

参考文献

[1] 王金发. 细胞生物学. 北京：科学出版社，2003：47-48.

[2] 余其兴. 细胞生物学实验课"酸性磷酸酶显示"的方法改进. 细胞生物学杂志，1984，（3）：133-134.

【实验十三】植物细胞骨架的光学显微镜观察

实验目的

掌握用光学显微镜观察植物细胞骨架的原理及方法，观察光学显微镜下细胞骨架的网状结构。

课前预习

1. 什么是细胞骨架？细胞骨架有什么功能？

2. 细胞骨架包括哪些类型？各有什么特点？

实验原理

细胞骨架是真核生物细胞中的重要结构，起细胞支架的作用，并参与胞内物质运输、细胞运动、分泌、吸收、细胞通信、有丝分裂等。由于与细胞各项功能的密切关系，细胞骨架的研究已成为当今细胞生物学中极具吸引力的领域之一。本实验以洋葱鳞茎内表皮细胞为材料对细胞骨架进行观察研究，基本原理是细胞内脂质和大部分蛋白质可与去垢剂 Triton X-100 形成去垢剂-蛋白/脂质复合物，从而溶于水中被提取除去，而结合成纤维状的细胞骨架蛋白则保持其在生活细胞中存在的状态。之后用考马斯亮蓝对水不溶性蛋白质染色，使骨架系统在光学显微镜下可见，从而对其进行观察研究。

实验材料、用品

1. 材料：新鲜洋葱鳞茎。撕取内表皮，如图 13-1，将洋葱鳞茎内表皮切成约 0.5cm× 0.5cm 大小，然后用镊子撕下进行实验。

图 13-1　洋葱鳞茎内表皮及切取示意图

注意：
- 取材时尽量选取洋葱鳞茎靠近里层较为新鲜的材料，失水风干的材料严重影响实验结果。
- 同时准备 3～5 片洋葱内表皮，以便观察到更好的实验结果。

2. 试剂
(1) 2%考马斯亮蓝 R250 染色液。
(2) 磷酸盐缓冲液（pH6.8）。
(3) M 缓冲液（pH7.2）。
(4) 1%Triton X-100：用 M 缓冲液配制。
(5) 3%戊二醛：用磷酸盐缓冲液配制。

3. 仪器：显微镜，烧杯，镊子，玻璃滴管，载玻片，小培养皿等。

实验步骤

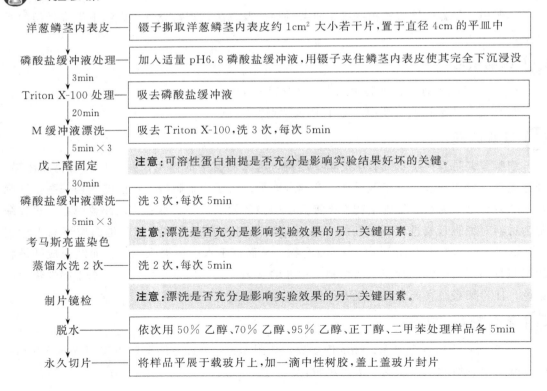

洋葱鳞茎内表皮	镊子撕取洋葱鳞茎内表皮约 1cm² 大小若干片，置于直径 4cm 的平皿中
磷酸盐缓冲液处理	加入适量 pH6.8 磷酸盐缓冲液，用镊子夹住鳞茎内表皮使其完全下沉浸没
3min Triton X-100 处理	吸去磷酸盐缓冲液
20min M 缓冲液漂洗	吸去 Triton X-100，洗 3 次，每次 5min
5min×3 戊二醛固定	**注意**:可溶性蛋白抽提是否充分是影响实验结果好坏的关键。
30min 磷酸盐缓冲液漂洗	洗 3 次，每次 5min
5min×3 考马斯亮蓝染色	**注意**:漂洗是否充分是影响实验效果的另一关键因素。
蒸馏水洗 2 次	洗 2 次，每次 5min
制片镜检	**注意**:漂洗是否充分是影响实验效果的另一关键因素。
脱水	依次用 50%乙醇、70%乙醇、95%乙醇、正丁醇、二甲苯处理样品各 5min
永久切片	将样品平展于载玻片上，加一滴中性树胶，盖上盖玻片封片

🧪 实验结果

　　光学显微镜下洋葱鳞茎内表皮细胞的轮廓清晰可见，细胞壁及其分界明显。10×10 倍镜下可粗略观察到细胞内粗细不等的蓝色纤维和团块形成的网状结构。同一细胞内各处骨架的密集度不均匀，细胞核区域的纤维相对密集，蓝色浓重，甚至分辨不出网络结构，另外可见细胞壁区域有零星蓝色纤维分布；相邻细胞的密集程度基本一致，但有少数细胞有较大不同。10×40 倍镜下（如图 13-2）可清楚观察到蓝色的网状结构确实由线性纤维交织而成，纤维间的结合点稍膨大。细胞边缘骨架较稀疏，但可见由与细胞壁相同走向的纤维形成的细胞质膜的轮廓，与细胞内部的纤维通过纵向的纤维相连。相邻细胞有纤维穿过胞间的细胞壁。调节显微镜焦距可观察到细胞不同横切面的网络结构的变化，表明细胞骨架以三维立体结构的形式分布在整个细胞内。

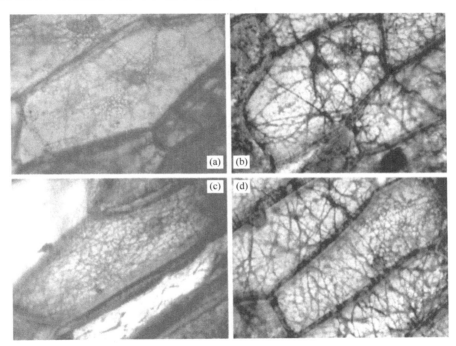

图 13-2　洋葱鳞茎内表皮细胞内的细胞骨架考马斯亮蓝染色（见彩插）

（a）突出显示以细胞核为中心向四周发散的细胞骨架；（b）以细胞核为中心，粗细不同的细胞骨架蛋白相互交错构成了网络结构；（c）细胞质中纵横交错的细胞骨架网络；（d）细胞质中细胞骨架更为清晰

　　制片可观察到细胞里有较清晰的网状骨架结构，从细胞核向细胞质内不同方向延伸，丝状的骨架有粗有细，主要是由于不同量的微管和中间纤维结合在一起的缘故。细胞壁内缘蓝色较深，分布有大量的微丝。不同切片的细胞骨架在密集度、分布上有差异，可能是处于不同生理状态或处理时间不同所致。对于同一切片，边缘部分的细胞骨架较稀疏，说明 Triton X-100 对细胞骨架蛋白有一定的破坏作用，也反映了细胞骨架蛋白间的结合是可逆的。

🧪 实验报告

　　描绘所观察到的洋葱鳞茎细胞的细胞骨架图。

🧪 **思考题**

本实验中是如何分析细胞骨架成分的？

🧪 **参考文献**

钱鑫萍，杨雪飞，吕顺，周导南，范远景．细胞骨架的显微镜观察实验方法改进研究．安徽农业科学，2008，36（22）：9410-9412，9425.

【实验十四】植物细胞胞间连丝的光学显微镜观察

🧪 **实验目的**

理解和掌握植物胞间连丝的结构和功能。

🧪 **课前预习**

什么是胞间连丝？胞间连丝有什么功能？

🧪 **实验原理**

植物的细胞个体不是一个独立王国，而是与周围细胞有着千丝万缕的联系。在植物的细胞壁上含有开放的小口，胞间连丝通过小孔与邻近的细胞相互联系，组成了一个四通八达的信息传递的网络系统，同时也是细胞之间物质运输的重要渠道，正常情况下，小于1000Da的分子可以自由渗透。因此，胞间连丝是细胞间物质运输和信号传递的桥梁。

🧪 **实验材料、用品**

1. 材料：新鲜的红辣椒果实。
2. 仪器：显微镜，载玻片，镊子，玻璃滴管，刀片，碘液，红墨水等。

🧪 **实验步骤**

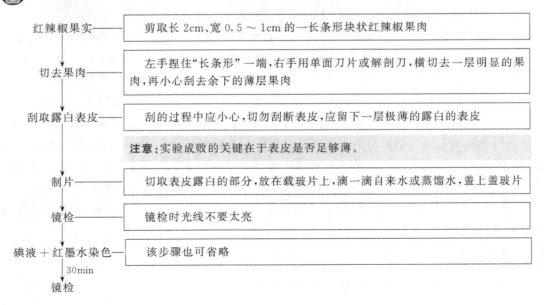

红辣椒果实————　剪取长 2cm、宽 0.5～1cm 的一长条形块状红辣椒果肉

切去果肉————　左手捏住"长条形"一端，右手用单面刀片或解剖刀，横切去一层明显的果肉，再小心刮去余下的薄层果肉

刮取露白表皮————　刮的过程中应小心，切勿刮断表皮，应留下一层极薄的露白的表皮

注意：实验成败的关键在于表皮是否足够薄。

制片————　切取表皮露白的部分，放在载玻片上，滴一滴自来水或蒸馏水，盖上盖玻片

镜检————　镜检时光线不要太亮

碘液＋红墨水染色————　该步骤也可省略

　　30min

镜检

实验结果

图 14-1 是较为理想的实验结果。在细胞壁上，不连续的折断的地方是胞间连丝通过的地方。

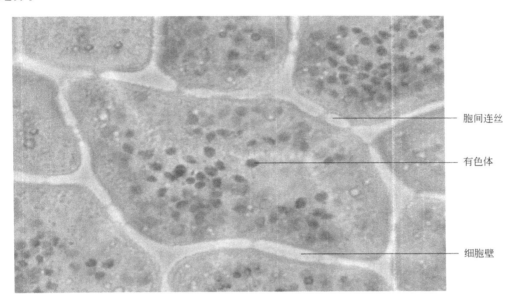

图 14-1　红辣椒外表皮细胞的胞间连丝观察 (见彩插)

高倍镜下，可以看见其表皮是由不太规则的细胞群构成的，细胞质中分布着红黄色的有色体。细胞壁很厚，颜色很浅，壁上有小孔 (纹孔)，孔里有内质网丝穿过，即为胞间连丝，从而将两个细胞质联通，是细胞间物质和能量交换的通道。

红墨水染色后，吸去多余的染料，加水封片镜检，可见其细胞质被染成粉红色，也可观察到纹孔和胞间连丝。

实验报告

描绘所观察到的红辣椒细胞胞间连丝图。

注意事项

要小心用刀片刮去果肉，既要用力，又要不刮破表皮，以确保最后能得到很薄的表皮。显微镜下观察到的细胞，用水装片时红颜色应很淡或基本呈白色。

参考文献

[1] 王惠，王凤春，王淑珍. 观察胞间连丝的好材料——红尖椒. 生命世界，1990，(2)：28-29.
[2] 王金发. 细胞生物学. 北京：科学出版社，2003：165-166.

【实验十五】DNA 的孚尔根 (Feulgen) 核反应染色法

实验目的

学习和掌握组织和细胞中鉴别 DNA 分布的孚尔根反应染色方法，观察染色结果，了解反应原理。

课前预习

孚尔根反应染色细胞核的技术原理是什么？

实验原理

DNA 是主要的遗传物质，集中于染色体上。1924 年孚尔根首先用席夫（Schiff）试剂做试验，鉴定了染色体上 DNA 的存在，故称为孚尔根染色法。孚尔根染色法的反应原理主要与席夫试剂的化学性质有关，此试剂的基本成分是碱性品红、偏亚硫酸氢钠（NaHSO₃）和盐酸。碱性品红的主要成分是三氨基三苯甲烷氯化物。碱性品红原为桃红色，当与亚硫酸作用时还原，使醌型变为苯型，由桃红色变为无色透明的 N-亚磺酸亚硫酸副品红碱，当它与醛基作用时，其分子式又恢复为醌型结构，呈现紫红色，其反应式见图 15-1。

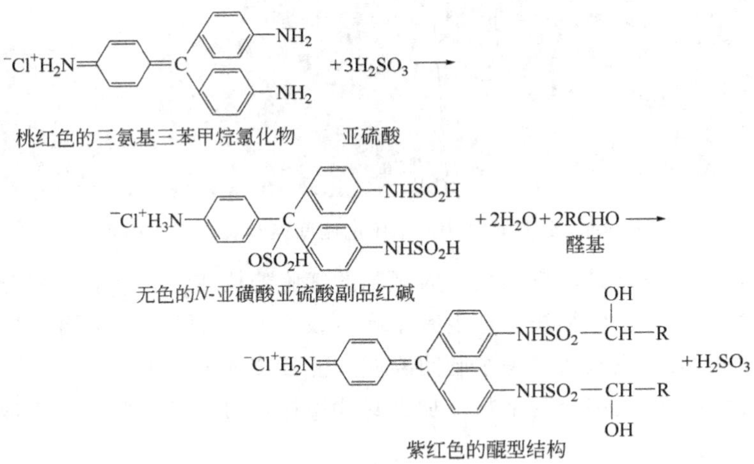

图 15-1　Schiff 试剂的反应过程

DNA 经弱酸（1mol/L HCl）水解，其上的嘌呤碱和脱氧核糖之间的键打开，使脱氧核糖的一端形成游离的醛基，这些醛基在原位与 Schiff 试剂（无色品红亚硫酸钠溶液）反应，形成紫红色的化合物，使细胞内含有 DNA 的部分呈紫红色阳性反应。紫红色的产生，是由于反应产物的分子内含有醌基，醌基是一个发色团，所以具有颜色。对照组预先用热三氯醋酸或 DNA 酶处理，抽提去细胞中的 DNA 而得到阴性反应，从而证明了 Feulgen 反应的专一性。

实验材料、用品

1. 材料：卡诺固定液固定的洋葱根尖或蚕豆根尖材料，也可以采用减数分裂期的花药或愈伤组织等。

2. 实验器具：显微镜、恒温水浴锅、温度计、镊子、解剖针、刀片、冰箱、温箱、天平、载玻片、盖玻片、吸水纸、青霉素瓶、吸管、烧杯、量筒、切片架、切片盒、小口瓶。

3. 试剂

（1）卡诺（Carnoy）固定液。

（2）1mol/L HCl。

（3）Schiff 试剂。

（4）亚硫酸水溶液（漂白液）。

（5）45%醋酸水溶液。

（6）0.5%固绿酒精溶液（95%酒精溶解）。为避免染色时过染，也可稀释为 0.1%使用。

实验步骤

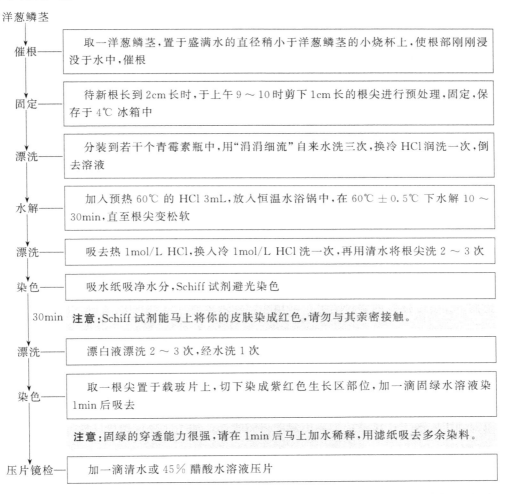

洋葱鳞茎

催根——取一洋葱鳞茎,置于盛满水的直径稍小于洋葱鳞茎的小烧杯上,使根部刚刚浸没于水中,催根

固定——待新根长到2cm长时,于上午9～10时剪下1cm长的根尖进行预处理,固定,保存于4℃冰箱中

漂洗——分装到若干个青霉素瓶中,用"涓涓细流"自来水洗三次,换冷 HCl 润洗一次,倒去溶液

水解——加入预热60℃的 HCl 3mL,放入恒温水浴锅中,在60℃±0.5℃下水解10～30min,直至根尖变松软

漂洗——吸去热 1mol/L HCl,换入冷 1mol/L HCl 洗一次,再用清水将根尖洗 2～3 次

染色——吸水纸吸净水分,Schiff 试剂避光染色

30min 注意:Schiff 试剂能马上将你的皮肤染成红色,请勿与其亲密接触。

漂洗——漂白液漂洗 2～3 次,经水洗 1 次

染色——取一根尖置于载玻片上,切下染成紫红色生长区部位,加一滴固绿水溶液染1min 后吸去

注意:固绿的穿透能力很强,请在1min后马上加水稀释,用滤纸吸去多余染料。

压片镜检——加一滴清水或 45% 醋酸水溶液压片

 理想的实验结果是细胞核呈紫红色,核仁和细胞质呈绿色。

实验结果

显微镜下可见细胞为长形或者方形,细胞中央为染成红色或者紫色的细胞核,处于分裂相的细胞中还可见紫红色的中期染色体。说明 DNA 经弱酸水解后,形成的醛基与 Schiff 试剂中无色品红亚硫酸溶液反应,形成紫红色的化合物,使细胞内含有 DNA 的核或染色体呈紫红色阳性反应。细胞质经固绿染色后呈现淡绿色,而细胞核呈现粉红色,核仁呈现绿色（图 15-2）。

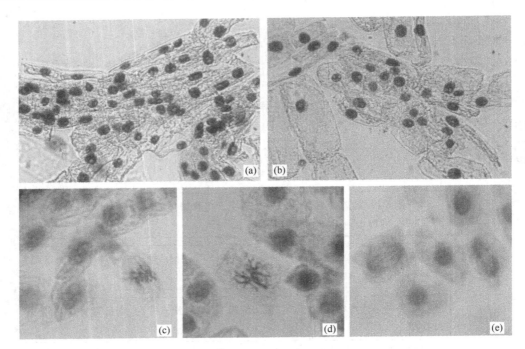

图 15-2　洋葱根尖细胞 DNA 孚尔根染色观察（见彩插）

（a）、（b）为观察到处于间期的细胞核，注意细胞核中染色较浅的部分为核仁结构；

（c）、（d）为观察到的个别细胞处在细胞分裂周期的中期，可以看到染色体排列在赤道板上；

（e）为观察到的个别细胞处在细胞分裂周期的末期，可以看到染色体已经在纺锤体的作用下到达两极

实验报告

绘制 Feulgen 反应的实验结果，并用文字标示。

注意事项

DNA 经弱酸（1mol/L HCl）水解，其上的嘌呤碱和脱氧核糖之间的键打开，使脱氧核糖的一端形成游离的醛基。水解是本实验成败的关键之一，重要的是温度，应保持在 60℃±0.5℃ 之间。如果温度过高或时间过长，造成水解过度，糖与醛基之间的键被破坏，醛基流失到水解液中；反之，不能出现潜在的醛基，都不能呈现颜色反应。

思考题

Feulgen 反应的原理是什么？

参考文献

刘育艳 . Feulgen 染色改良法 . 山西医科大学学报，2000，（4）：379.

【实验十六】放线菌素 D 诱导细胞凋亡的形态学观察

实验目的

1. 了解细胞凋亡的形态学特征和生化特征。

2. 学习测定细胞凋亡的方法。

🧪 课前预习

1. 什么是细胞凋亡？凋亡和坏死有哪些不同？

2. 细胞凋亡在生命个体发育中的意义何在？

🧪 实验原理

细胞凋亡（apoptosis），又称细胞程序性死亡（programmed cell death，PCD），是指细胞在一定的生理或者病理条件下按照自身的程序结束其生存，是细胞接受指令后进行的主动性死亡，涉及一系列基因的激活、表达和调控。细胞凋亡的意义在于维持细胞总数的平衡和机体的活力，在个体发育中对形态建成起着重要的作用。细胞凋亡不同于细胞的坏死性死亡（表 16-1）。

表 16-1　细胞坏死与细胞程序性死亡的区别

项目	细 胞 坏 死	细胞程序性死亡
原因	物理、化学因子的损害、缺氧、营养不良等	基因控制
过程	质膜通透性增高，细胞肿胀，细胞器变形、肿大，早期核无明显变化，最后破裂	细胞收缩，割裂成膜性小泡后被吞噬
结果	细胞裂解释放出内含物，常常引起炎症反应	不释放内含物，不引起炎症

细胞程序性死亡的特征如下。

1. 形态特征：细胞在凋亡过程中常常表现出细胞形态、内部生物化学等性质的改变。凋亡期间，线粒体通常保持完整，细胞变圆、胞质皱缩，细胞体积减小，与相邻细胞分离、细胞膜出现气泡。染色质凝聚，核碎裂成染色质块（核碎片）。整个细胞通过发芽、起泡等方式产生一些球形突起，并在基部脱落形成大小不等的，内含胞质、细胞器和核碎片的凋亡小体（apoptotic body）[图 16-1 中（a），（b）]。最后凋亡小体被周围的细胞或者单核细胞吞噬。

2. 生化特征：程序性死亡细胞内源性核酸内切酶基因被活化和表达，核 DNA 在核小体连接处断裂成核小体片段，导致凋亡细胞的染色质 DNA 的有控裂解，得到的 DNA 片段的长度为 200bp 的倍数 [图 16-1 中（c）]。

目前对凋亡的研究明确表明，具天冬氨酸特异性的半胱氨酸 Caspase 家族的蛋白酶，承担着蛋白酶加工和激活的作用，协同参与了细胞死亡中的凋亡过程。通过加入特异性合成底物 [如哌嗪-N，N'-双（2-乙磺酸）等] 对 Caspase 激活进行比色法定量测定，进而通过光学显微镜观察凋亡细胞核变化和凋亡小体的形成。

在本实验中，HeLa 细胞经放线菌素 D 诱导后，可以产生不同程度的细胞凋亡，利用特定染料染色，可以观察到典型的凋亡核（核碎片）。

🧪 实验材料、用品

1. 材料：HeLa 贴壁培养细胞。

2. 试剂：250mg/mL 放线菌素 D（actinomycin D）、吖啶橙荧光染料、卡诺固定液、0.9% 生理盐水、10% 甘油、胰酶溶液（浓度 0.25%）。

3. 用具：荧光显微镜、盖玻片、载玻片、镊子、一次性吸管、离心机、EP 管、培养皿、小烧杯等。

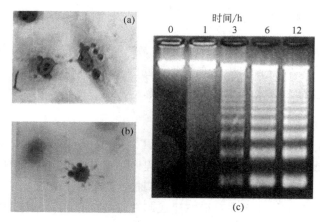

图 16-1　HeLa 细胞凋亡的细胞形态和 DNA ladder
(a) 姬姆萨染色；(b) 吖啶橙染色，凋亡核呈颗粒团状分布，颜色较正常细胞致密且浓染；
(c) 凋亡细胞出现的典型的 DNA ladder 片段

实验步骤

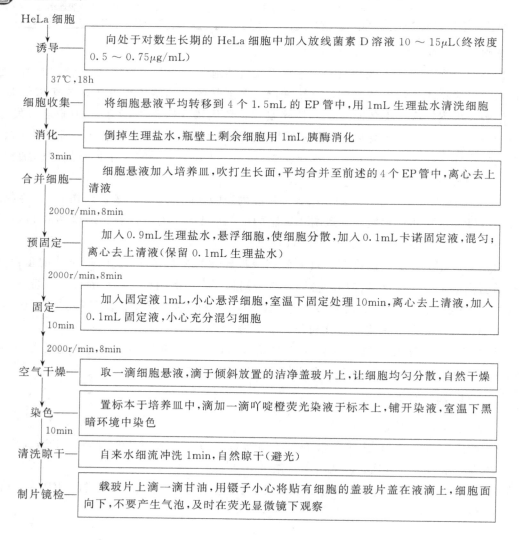

🧪 实验结果

图 16-2 为 HeLa 细胞经放线菌素 D 诱导后发生凋亡的细胞形态变化。

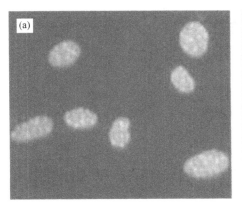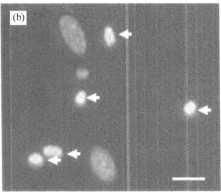

图 16-2 HeLa 细胞凋亡的 DAPI 染色 （见彩插）

（a）正常细胞核，核染色质分散分布；（b）有致密浓染的凋亡细胞核，染色质
浓缩和呈碎片状 （箭头所示），是细胞凋亡的典型特征。Bar＝100μm

🧪 实验报告

比较放线菌素 D 诱导处理后的细胞发生凋亡的百分率。

🧪 参考文献

［1］ Alberts B，Johnson A，Lewis J，et al. Molecular Biology of the Cell ［M］. 5th ed. New York：Garland Publishing Inc，2007：653-653.

［2］ Herrmann M，Lorenz H M，Voll R，Grünke M，Woith W，Kalden J R. A rapid and simple method for the isolation of apoptotic DNA fragments. Nucleic Acid Res，1994，22：5506-5507.

［3］ Deshmukh M，Vasilakos J，Deckwerth T L，Lampe P A，Shivers B D，Johnson E M Jr. Genetic and metabolic status of NGF-deprived sympathetic neurons saved by an inhibitor of ICE family proteases. J Cell Biol，1996，135 （5）：1341-1354.

［4］ 刘江东，赵刚，邓凤姣等. 细胞生物学实验教程. 武汉：武汉大学出版社，2005.

细胞培养篇

求学的三个条件是：多观察、多吃苦、多研究（——加塞罗尔）；没有实验，任何新的东西都不能深知（——波义耳）。

【实验十七】 烟草叶片愈伤组织的诱导和培养

实验目的

掌握植物组织培养中培养基的配制，植物外植体的消毒，无菌接种以及无菌操作等基本的实验技能。

课前预习

什么是细胞的全能性？

实验原理

在无菌条件下，将外植体（如根、茎、叶、花、未成熟的果实和种子等）培养在特定的培养基上，给予适宜的培养条件，外植体通过脱分化和再分化，诱发产生愈伤组织或胚状体，最终发育成完整的植株。植物组织培养技术的研究，不仅对于研究植物组织细胞的分化、增殖、生长、衰老与死亡、信号转导和基因调控等方面具有重大的理论意义，而且在细胞工程、基因工程和生产实践中也显示了广阔的应用前景。例如，转基因工程品种的研究与开发、植物试管苗的快速繁殖、品种脱毒与改良、体细胞杂交培育新品种、悬浮细胞培养与次生物质生产、超低温种质保存以及花药培养与单倍体育种等方面的深入研究和实际应用，都必须借助植物组织培养技术的基本理论和方法，因此学习植物组织培养技术具有重要的应用价值。

实验材料、用品

1. 材料：烟草品种 SR1 四周龄叶片。

2. 器材：高压灭菌锅、超净工作台、烘箱、培养箱或培养室、镊子、解剖刀、接种针、铝饭盒、锡箔纸、玻璃棒、铅笔或记号笔、橡皮筋、试剂瓶（50mL、100mL、1000mL）、三角瓶（100mL）、刻度吸管（0.5mL、1.5mL、10mL）和培养皿（直径 9～10cm）。

3. 药品与试剂：70％酒精和 10％次氯酸钠（NaClO）。

注意：次氯酸钠杀菌液用灭菌双蒸水稀释。

　　培养基的种类和附加成分是根据培养物的种类、外植体的来源以及具体的实验目的和要求来确定的。MS 培养基的配制参见附录 5，激素的配制参见附录 12。下列配方可作为烟草叶片组织培养实验的参考和依据。

　　（1）MS 培养基附加 2,4-D 0.5mg/L，用于诱导胚性愈伤组织，以观察体细胞胚的形成和发生。

　　（2）MS 培养基附加 6-BA 0.1mg/L、NAA 0.5mL/L，诱导叶外植体早期形成愈伤组织，再通过体细胞胚发生途径直接形成幼苗。

　　（3）MS 培养基附加 6-BA 0.5mL/L、NAA 0.5mL/L，诱导叶外植体早期形成愈伤组织，再通过器官发生途径直接形成不定芽。

　　上述三种培养基中附加的蔗糖含量均为 3%。

🔬 实验步骤

一、烟草愈伤组织诱导培养基的配制（以体积为 1L 的 MS 培养基为例）

称取琼脂 7g（浓度 0.7%～0.8%），溶于 2/3 所需培养基体积即 700mL 左右的蒸馏水中，用微波炉煮溶

↓

称取蔗糖 30g（糖浓度 3%），待琼脂完全煮溶化后趁热加入，并搅拌使之溶解

↓

依次加入各种母液并定容为 1L：无机大量母液 100mL，无机微量、有机物、铁盐母液各 10mL，激素母液种类及取量依不同培养基配方确定

↓

用 1mmol/L NaOH 或 1mmol/L HCl 调 pH 值至 5.8（用玻璃棒不断搅动，并用 pH 计测量）

↓

将培养基分装于 30 个三角瓶（50mL）中，每瓶约 30mL。分装时应避免培养基黏附在瓶口或者内壁上，否则易引起杂菌污染

↓

用羊皮纸、橡皮筋封口，并在纸盖上用油性笔写明培养基代号

↓

把分装好的培养基、无菌水及无菌纸放入高压灭菌锅内，锅外层加水后，拧紧锅盖，关闭放气阀和安全阀，接通电源开始加热

↓

当温度上升，至指针移至 0.5kgf/cm² ❶ 时，开气阀排除冷气，使压力表指针复零位。按同样方法再排气一次

↓

关好放气阀继续加热至 1.1～1.2kgf/cm²，保持该压力 15～20min（温度为 121～126℃）后切断电源，30min 后打开放气阀，慢慢放气，待锅内蒸汽完全放出，气压归零后打开锅盖，取出培养基冷却

---

❶ 1kgf/cm² = 98.0665kPa。

二、外植体的消毒操作

75％酒精擦抹超净工作台台面，紫外灯灭菌 15min

↓

大田中选取无病、无虫、生长正常的烟草叶片，自来水清洗干净

注意：切勿揉搓叶片以避免伤害叶肉细胞。

↓

剪下中央主脉，将叶片剪成约 1cm×0.5cm 大小的小片状，于超净工作台中投入 300mL 带塞磨口三角瓶中

↓

向瓶内加入少量 70％酒精，以完全淹没叶片为宜，轻轻摇动 15～30s，将酒精倒于台面上的废液缸中

↓

加入 5％～10％次氯酸钠（NaClO），以完全淹没全部叶片为宜，浸泡消毒 8min，倒去次氯酸钠

注意：酒精和次氯酸钠用于消毒。

↓

用无菌水换洗 3～4 次，以完全淹没全部叶片为宜，彻底清除残留叶面和瓶内的酒精和次氯酸钠

↓

用酒精消毒的镊子把叶片夹入灭过菌的培养皿内吸水纸上，吸干水分。将叶片投入盛有培养基的三角瓶内，平躺于培养基表面（上、下表面均可），用镊子轻压一下以使叶片与培养基紧密接触

注意：全部操作都在严格无菌条件下进行。

↓

封口注明标记，将培养瓶置于 26～28℃ 恒温培养室内，弱光条件下培养，定期观察愈伤组织的产生，直至长出完整根、茎和叶器官

 实验结果

实验结果见图 17-1。

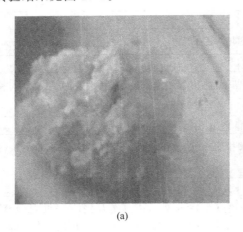 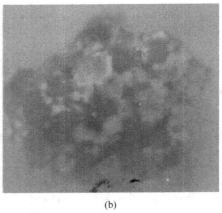

(a)　　　　　　　　　　　　　　　　　(b)

图 17-1　叶片愈伤组织的诱导及其分化（见彩插）

（a）烟草叶片接种于诱导培养基上 2 周后，可以观察到质地松软、生长情况良好的乳白色透明愈伤组织；

（b）500lx 光照强度培养 2 周后，愈伤组织逐渐转变为浅绿色，即逐步进入"再分化"过程

注意事项

1. 外植体、培养室、超净台（预先打开紫外灯照射灭菌 15min）和操作者自身消毒是防止细菌污染的关键。

2. 培养瓶和接种用具（包括镊子、解剖刀、剪刀，须事前放入铝饭盒，经高温高压灭菌，再用 150～160℃烘箱烘干）放于超净工作台中，预先置于 95％酒精中。

3. 一步操作如取接种工具和培养瓶等器材，均在点燃的酒精灯上进行灼烧灭菌，冷却后再用。

4. 无菌操作过程中，切记勿把吸取溶液的微量移液器和吸管直接放在超净工作台上，以免造成二次污染。

5. 无菌操作过程中，不准打手机，也不准大声喧哗、说话和嬉闹，以减少污染源。

6. 接种结束后，清理和关闭超净工作台。

思考题

1. 根据烟草叶片培养过程中所看到的结果，你认为 2,4-D、6-BA 和 NAA 的不同浓度和组合对于形态发生过程各有什么影响？

2. 人工条件下培养的植物离体器官、组织或细胞，经过分裂、增殖、分化、发育，最终长成完整植株的过程，能够说明什么问题？

参考文献

[1] 齐小晴，彭斌，胡云虹，余光辉. 药用植物佛甲草愈伤组织的诱导和培养. 生物技术，2010，20（3）：75-77.

[2] 胡云虹，彭斌，齐小晴，刘学群，余光辉. 银杏愈伤组织和叶中超氧化物歧化酶和总黄酮类抗氧化活性剂活性的比较分析. 武汉植物学研究，2010，28（4）：521-526.

[3] 余光辉，梅刘娟，余文卉，游文. 烟草光能兼养型愈伤组织的诱导和培养条件. 中南民族大学学报：自然科学版，2012，103（02）：46-48，74.

【实验十八】 烟草 BY-2 细胞的同步化培养

实验目的

学习和掌握植物细胞同步化的技术和方法。

课前预习

1. 什么是细胞的同步化？
2. 在细胞周期研究中，为什么要进行细胞的同步化处理？

实验原理

BY-2 细胞是烟草细胞的一种细胞株，该细胞株是 1968 年由烟草植物的"嫩黄 2 号"栽培品种（cultivar Bright Yellow-2）的幼苗诱导出的愈伤组织而建立的，是植物研究中的一种模式细胞。BY-2 细胞是一种非绿色、快速生长的植物细胞，这种细胞可以在营养充足和适宜的培养条件下一周内复制 100 倍，有植物"HeLa 细胞"之称。在悬浮培养中，培养基中的每个细胞都是独立生长，这些细胞大多呈链状相连（图 18-1），每个细胞与其他细胞有着相似的特性。BY-2 细胞的这些特点使得它成为理想的模式植物研究体系，可用于研究细胞分裂、胞质分裂、植物激素信号传递、细胞内运输、细胞器分化等的研究。

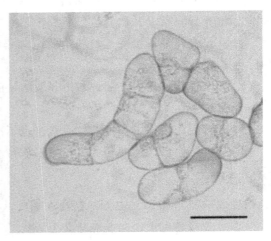

图 18-1　BY-2 细胞的愈伤组织和液体培养的细胞（Bar＝200μm）（见彩插）

研究表明，处于细胞周期不同阶段的细胞，其形态和生化特征有所不同，对药物、辐射等存在着不同的敏感性。为研究细胞周期不同阶段的生化特性，获得大量细胞周期一致的细胞群，至关重要。获得细胞周期一致的细胞的过程称为同步化。诱导同步化法是最常见的诱导细胞周期一致的手段，该方法通过控制培养条件，将非同步化的细胞人为地阻断在细胞周期的某个阶段，最终使所有细胞达到同步化生长的目的。常用的方法是改变温度、添加代谢抑制剂将细胞阻断在细胞周期的某一阶段。BY-2 细胞的同步化正是基于这种"阻遏-释放"的思路，这一思路是用可逆性抑制剂阻遏处于某一阶段的细胞进入下一阶段，然后洗去抑制剂并在某个需要的时间收集细胞。常用的细胞同步化试剂为阿非迪霉素（aphidicolin）和戊炔草胺（propyzamide）。与此相对应的同步化方法分为两步法和一步法。两步同步化处理的第一个同步化是利用阿非迪霉素阻断 DNA 的合成，四环二萜可以抑制植物 DNA 聚合酶 α 亚基的活性（图 18-2）。这一步中，细胞被阻遏在 G_1/S 期。经过 24h 阿非迪霉素处理，有丝分裂指数只有 0～1%；洗去阿非迪霉素后，细胞的 DNA 合成重新启动，进入 M 期。第二步同步化是利用抗微管组装的药物戊炔草胺将细胞阻断在细胞周期的有丝分裂期。戊炔草胺的加入阻止了纺锤体微管的合成，将细胞阻断在有丝分裂前中期。戊炔草胺是一种可逆的植物（非动物）微管合成抑制剂，在去除戊炔草胺15min 后，纺锤体微管的重组装就可以观察到。

🎯 实验材料、用品

BY-2 细胞、细胞同步化试剂（阿非迪霉素和戊炔草胺）、超净工作台、全温振荡器、离心机、显微镜、细胞筛。

1. 阿非迪霉素

阿非迪霉素是一种细胞同步化试剂，其主要机理是阻断 DNA 的复制，所以能够将处

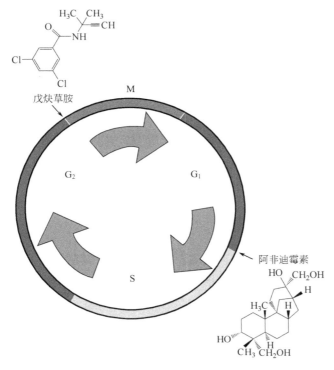

图 18-2　烟草 BY-2 细胞两步同步化处理方法

理的细胞集体阻断在 DNA 合成阶段，也就达到同步化的目的。同时，阿非迪霉素又是一种可逆抑制剂，将处理中细胞洗脱阿非迪霉素后，细胞又可以重新进入细胞周期。以阿非迪霉素为主要试剂进行一步法处理，有丝分裂指数（MI）值可以达到 $50\%\sim70\%$。

配制方法：取 Fermentek 公司的阿非迪霉素产品一瓶，规格为 $1\mu g$/瓶；用移液器取二甲基亚砜（DMSO）$100\mu L$，转移至阿非迪霉素瓶中，充分溶解；可用移液器将阿非迪霉素转移至 1.5mL 离心管中，离心管用铝箔包裹，避光 4℃保存，用时取出。

2. 戊炔草胺

戊炔草胺是另一种细胞同步化试剂，其主要机理是破坏细胞纺锤体微管的组装，所以可以将细胞阻断在有丝分裂期，达到同步化的目的，也是"两步法"同步化处理的主要试剂之一。由于其作用机理，可以使细胞同步化的比例提高许多。与阿非迪霉素相似，戊炔草胺也是一种可逆的同步化试剂。

配制方法：取 Riedelde Haen 公司的戊炔草胺产品一瓶，规格为 250mg/瓶；先用电子天平称取戊炔草胺 0.0180mg，转移至离心管中；用移液器取 DMSO 1mL，转移至离心管中，充分混匀，然后放置于 4℃保存待用。

3. 细胞固定液

细胞固定液是实验过程中较为重要的一种试剂，其主要作用是将活 BY-2 细胞用化学方法固定，取样后可以过一段时间再进行观察，而细胞的形态和取样时间相对应，不会继续生长分裂，同时也可以达到更好的镜检效果。

配制方法：

50％酒精	88mL
无水乙醇	50mL
BY-2 细胞培养基	39mL
冰醋酸	6mL
福尔马林	6mL

4. 碘化丙啶（PI）

PI 是一种 DNA 染剂。取 Sigma 公司的 PI 产品一瓶，规格为 $1\mu g$/瓶；用移液器取磷酸盐缓冲液 $100\mu L$，加入 PI 瓶中，充分溶解；可将 PI 转移至 1.5mL 离心管中，$-20℃$ 保存，用时取出。

实验步骤

一、BY-2 细胞的悬浮培养

（1）在无菌操作台中，用镊子夹取 BY-2 愈伤组织中颜色较透明的部分，取出少量置于另一培养皿中，滴加几滴 MS 液体培养基，用镊子将细胞团分散成均一的细胞悬浮液。

（2）用移液器吸取 1mL 细胞悬浮液，转移至装有 20mL 左右 MS 液体培养基的中型锥形瓶中，充分混匀。

（3）将锥形瓶放入恒温摇床中，固定好后进行振荡培养，温度 26℃，转速 130r/min，避光培养。每 7 天将 1mL 的 BY-2 细胞悬浮液转入 20mL 新鲜的 MS 液体培养基中继代培养，以保证 BY-2 细胞的繁殖活力。

二、"一步法" 同步化处理的实验步骤

1. 阿非迪霉素的加入

（1）取出培养在恒温摇床的 BY-2 细胞悬浮液锥形瓶，用移液器取出 10mL BY-2 细胞悬浮液，转移至小型锥形瓶中。

（2）用移液器吸取 $1\mu L$ 配制好的阿非迪霉素母液，加入到小型锥形瓶中，充分混匀，继续放入恒温摇床中培养，温度 26℃，转速 130r/min，避光培养。

2. 阿非迪霉素的去除

上述处理过的 BY-2 细胞悬浮液培养 24h 后，从恒温摇床中取出，在无菌操作台上，去除阿非迪霉素，具体步骤如下。

（1）先缓慢地将 BY-2 细胞悬浮液从细胞筛中滤过，剩下 BY-2 细胞。再用 200mL 左右的 MS 液体培养基冲洗细胞筛中的 BY-2 细胞，一边冲洗一边晃动细胞筛，使 BY-2 细胞能够得到充分洗涤。

（2）洗涤完全后，将盛有 BY-2 细胞的细胞筛放入一个小型的培养皿中，然后倒入 MS 液体培养基，用移液器吹打沉淀细胞使之悬浮，吸出，转移到一小型锥形瓶，继续培养，温度 26℃，转速 130r/min，避光培养。

（3）经过洗涤后的细胞摆脱了阿非迪霉素的影响，可以正常进入细胞周期的有丝分裂阶段。

三、"两步法" 同步化处理的实验步骤

1. 阿非迪霉素的加入和去除

这一步骤参考上述步骤，BY-2 细胞悬浮液的取样量改为 20mL，阿非迪霉素的加入量也相应加倍。

2. 戊炔草胺的加入

（1）BY-2 细胞悬浮液经过阿非迪霉素处理 24h，洗去阿非迪霉素后，放回恒温培养箱培养，温度 26℃，转速 130r/min，避光培养。

（2）BY-2 细胞悬浮液培养 5h 后，从恒温培养箱中取出，加入 1.0μL 的戊炔草胺母液，充分混匀，再次放入恒温培养箱培养，温度 26℃，转速 130r/min，避光培养。

3. 戊炔草胺的洗去

BY-2 细胞悬浮液培养 4h 后，从恒温培养箱取出，按照上述方法，对 BY-2 细胞悬浮液进行洗涤，洗去戊炔草胺，以解除戊炔草胺的同步化作用。

四、荧光显微镜观察

同步化处理完全后，进行显微镜观察，具体步骤如下。

（1）在洗去阿非迪霉素后开始计时，因为用阿非迪霉素处理过，同步化在 S 期，在 2h、6h、8h、10h、12h、14h 后分别达到 G_2 期、M 期的各个阶段。

（2）为了观察各个阶段的细胞形态和细胞染色质形态，在上述时间点都取出培养的 BY-2 细胞悬浮液，用移液器吸取 0.5mL 的 BY-2 细胞悬浮液到 1.5mL 离心管，加入 0.5mL −20℃ 预冷的细胞固定液母液，充分混匀，使 BY-2 细胞立即死亡，然后放入 −20℃ 保存。

（3）固定可以使细胞的取样时间对应细胞在细胞周期中的阶段，并且可以随意安排观察的时间。

（4）当所有时段的样品固定完毕存入低温保存一段时间后，全部取出。这时的细胞呈絮状沉淀在离心管底，用移液器小心吸取固定液，尽可能吸去固定液，保留细胞。然后加入 1.0mL 的 MS 液体培养基，充分混匀，放置一段时间，待细胞再次呈现絮状沉淀状态时，用移液器吸去培养基，同样要尽可能地保留细胞。

（5）最后向剩下的细胞沉淀中加入 1μL 的 PI 染剂母液，充分混匀后，放置一段时间以充分染色，随后进行镜检。

实验结果

烟草 BY-2 细胞周期各阶段的确定。

据报道，烟草 BY-2 细胞系一个细胞周期的平均时间为 13h。细胞周期阶段应该从细胞样品一去除同步化后每 2h 为间隔进行确定（表 18-1，图 18-3）。

表 18-1 两步同步化处理中的取样时间

细胞周期阶段	取样时间点/h	
	第一步同步化处理（只使用阿非迪霉素）	第二步同步化处理（阿非迪霉素＋戊炔草胺）
G_1	14	4
S	2	6
G_2	6	10
M	8～10[①]	1～3[①]

① M 期中，每隔 1h 取样一次。

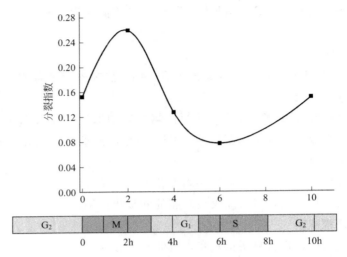

图 18-3　戊炔草胺移除之后 BY-2 细胞在细胞周期进程各阶段的分裂指数统计

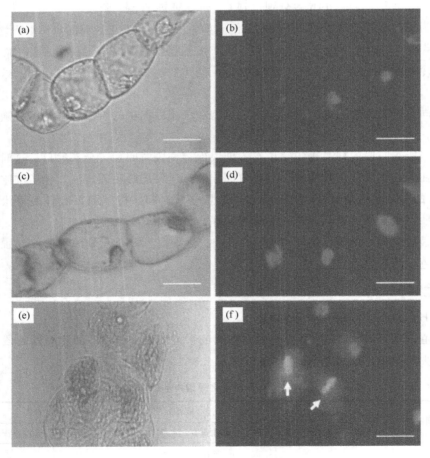

图 18-4　G₁、G₂、M 期细胞核的动态图片 （见彩插）

（a）、（c）和（e）为明视野图片，（b）、（d）和（f）为荧光视野图片，比例尺为 $20\mu m$。

（a）、（b）G₁ 期细胞核经过 PI 染色处理图片；（c）、（d）G₂ 期细胞核经过 PI 染色处理图片；

（e）、（f）有丝分裂中期细胞核经过 PI 染色处理图片

　　取出的细胞液中加入 PI 混匀染色，然后在荧光显微镜下观察。在激发的绿光下，细胞核发射出红色的荧光。与 G_1 期的细胞核的荧光强度相比 ［图 18-4 中 (a)、(b)］，G_2 期细胞核的荧光强度更强 ［图 18-4 中 (c)、(d)］。这一结果表明 DNA 的复制已经彻底完成。S 期细胞核的荧光图片与 G_2 期相比并没有很大的差别；G_1、G_2 期的细胞均有完整的核膜 ［图 18-4 中 (a)、(c)］。但是，有丝分裂期的细胞并没有明显的细胞核轮廓 ［图 18-4 中 (e)］，表明此时核膜已经解体。在这个阶段，浓缩的染色体排列在中期的赤道板上 ［图 18-4 中 (f)］，表明细胞处于有丝分裂的中期。

　　后期的鉴别是通过染色体的分离观察得到的。这一时期中，可以清晰地观察到两个明显的荧光亮点 ［图 18-5 中 (a)、(b)］，表明染色体刚结束它的分离过程。与中期相比，末期发生的主要是染色体的去浓缩，核膜的重新装配，还有核的重组装。清晰的细胞核可以被观察到 ［图 18-5 中 (c)、(d)，箭头所指］。末期/胞质分裂早期的细胞在两个子细胞中间有明显的成膜体，成膜体中正在形成的细胞板也能被观察到 ［图 18-5 中 (e)、(f)，箭头所指处］。

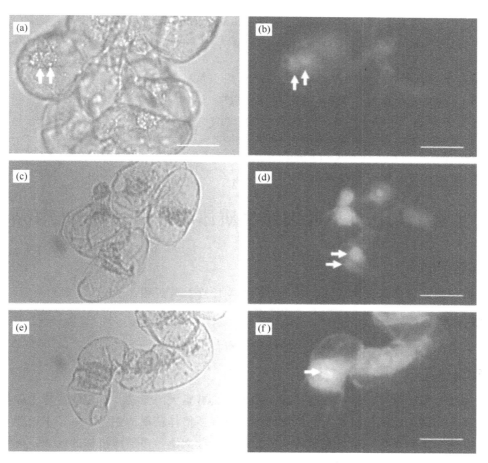

图 18-5　有丝分裂中期到胞质分裂期的细胞核结构图 (见彩插)

(a)、(c) 和 (e) 为明视野图片，(b)、(d) 和 (f) 为荧光视野图片，比例尺为 $20\mu m$。

(a)、(b) 有丝分裂中期的细胞经过 PI 染色处理；(c)、(d) 有丝分裂末期的细胞经过 PI 染色处理；

(e)、(f) 有丝分裂胞质分裂期的细胞经过 PI 染色处理

实验报告

写出 BY-2 细胞同步化的实验结果。

注意事项

注意阻断剂处理后的洗涤步骤。只有阿非迪霉素全部去除才能保证同步化的细胞可以进入后续细胞周期，否则不能在后续的实验步骤中得到对应取样时间的各个细胞周期的细胞。

思考题

如何确定细胞的分裂指数？

参考文献

[1] Akashi T，Izumi K，Nagano M，Enomoto E，Mizuno K，Shibaoka H. Effects of propyzamide on tobacco cell microtubules in vivo and in vitro. Plant Cell Physiol，1988，29：1053-1062.

[2] Kumagai-Sano F，Hayashi T，Sano T，Hasezawa S. Cell cycle synchronization of tobacco BY-2 cells. Nat Protoc，2006，1（6）：2621-2627.

[3] Ma Z W，Yu G H. Phosphorylation of mitogenactivated protein kinase（MAPK）is required for cytokinesis and progression of cell cycle in tobacco BY-2 cells. Journal of Plant Physiology，2010，167：216-221.

[4] Nagata T，Nemoto Y，Hasezawa S. Tobacco BY-2 cell line as the "HeLa" cell in the cell biology of higher plants. International Review of Cytology，1992，132：1-30.

[5] Yu M M，Yuan M，Ren H Y. Visualization of actin cytoskeletal dynamics during cell cycle in tobacco （Nicotiana tabacum L. cv Bright Yellow）cells. Biology of Cell，2006，98：295-306.

[6] Yu Y，Wang H Y，Liu L N，Chen Z L，Xia G X. Functional identification of cytokinesis-related genes from tobacco BY-2 cells. Plant Cell Reprots，2007，26：889-894.

【实验十九】烟草叶肉原生质体的分离、融合与培养

实验目的

了解植物原生质体分离、融合和培养的基本原理及其过程。

课前预习

什么是原生质体？在细胞研究中原生质体有什么作用和功能？

实验原理

植物原生质体融合和培养在理论和实践上都具有重大的意义，在植物遗传工程和育种研究上具有广阔的应用前景。它是植物同源、异源多倍体获得的途径之一，不仅能克服远缘杂交有性不亲和障碍，也可克服传统的通过有性杂交诱导多倍体植株的瓶颈，最终将野生种的远缘基因导入栽培种中，原生质体融合技术有望成为作物改良的有力工具之一。

植物原生质体培养方法起源于植物单细胞的培养方法。1954 年，植物单细胞培养获得成功，Mllir 培养的万寿菊及烟草悬浮细胞植入到长有愈伤组织的培养基上得到了它们的单细胞克隆，并建立了看护培养的方法。1960 年 Jones 等建立了微室培养法，同年，

Cocking 应用酶法分离原生质获得成功，从而在实验条件下很容易获得大量的原生质体。随着多种适用于原生质体分离的商品酶的出现，原生质体的培养方法也得到了不断改进，现在常用的原生质体培养方法有：液体浅层培养法、双层培养法、琼脂糖包埋法以及使用条件培养基或饲喂培养等。

植物原生质体是除去细胞壁后为原生质所包围的"裸露细胞"，是开展基础研究的理想材料。其中酶解法分离原生质体是一个常用的技术，其原理是植物细胞壁主要由纤维素、半纤维素和果胶质组成，因而使用纤维素酶、半纤维素酶和果胶酶能降解细胞壁成分，除去细胞壁。

许多化学、物理学和生物学方法可诱导原生质体融合，现在被广泛采用并证明行之有效的融合方法是聚乙二醇（PEG）法、高 Ca^{2+} 高 pH 法和电融合法。这里主要介绍聚乙二醇（PEG）法，PEG 作为一种高分子化合物，20%～50% 的含量能对原生质体产生瞬间冲击效应，原生质体很快发生收缩与粘连，随后用高 Ca^{2+} 高 pH 法进行清洗，使原生质体融合得以完成。

PEG 由于含有醚键而具负极性，与水、蛋白质和碳水化合物等一些正极化基团能形成氢键。当 PEG 分子足够长时，可作为邻近原生质表面之间的分子桥而使之粘连。PEG 也能连接 Ca^{2+} 等阳离子，Ca^{2+} 可在一些负极化基团和 PEG 之间形成桥，因而促进粘连。在洗涤过程中，连接在原生质体膜上的 PEG 分子可被洗脱，这样将引起电荷的紊乱和再分布，从而引起原生质体融合。高 Ca^{2+} 高 pH 环境增加了质膜的流动性，因而也大大提高了融合频率，洗涤时的渗透压冲击对融合也可能起作用。原生质体分离纯化或融合后，在适当的培养基上应用合适的培养方法，能够再生细胞壁，并启动细胞持续分裂，直至形成细胞团，长成愈伤组织或胚状体，再分化发育成苗。其中，选择合适的培养基及培养方法是原生质体培养中最基础也是最关键的环节。

实验材料、用品

1. 实验器材：三角瓶、离心管、烧杯、200 目滤网、解剖刀、（长和短）镊子、培养皿、滤纸、$0.2\mu m$ 滤膜、滤器、培养瓶（注：以上用品要进行高压灭菌）、台式离心机、高压灭菌锅、倒置显微镜和超净工作台。

2. 溶液的配制：酶液、PEG 融合液和 13% CPW 洗液的配制见表 19-1。

表 19-1　溶液的配制

酶　液	PEG 融合液	13% CPW 洗液
1% 纤维素酶 1% 果胶酶 0.7mol/L 甘露醇 0.7mmol/L KH_2PO_4 10mmol/L $CaCl_2 \cdot 2H_2O$ pH6.8～7.0	40% PEG(相对分子质量 1500～6000) 0.3mol/L 葡萄糖 3.5mmol/L $CaCl_2 \cdot 2H_2O$ 0.7mmol/L KH_2PO_4	27.2mg/L KH_2PO_4 101.0mg/L KNO_3 1480.0mg/L $CaCl_2 \cdot 2H_2O$ 246.0mg/L $MgSO_4$ 0.16mg/L KI 0.025mg/L $CuSO_4$ 13% 甘露醇 pH6.0

实验步骤

一、无菌苗培养

1. 精选烟草的种子,温水浸种 20 ～ 30min。用 5% NaClO 消毒 8 ～ 10min,无菌水洗涤 4 ～ 5 次

注意:要求在无菌条件下操作。

2. 种子剥皮后接入 $\frac{1}{2}$ MS 培养基中。置于温度25℃±2℃,光照度1000lx,每天光照14 ～ 16h的条件下培养 1 周

二、原生质体分离

3. 烟草无菌苗子叶切成薄片后,置于酶液中和摇床上(60 ～ 70r/min),在25 ～ 28℃黑暗条件下,酶解5 ～ 7h

4. 用 200 目网过滤除去未完全消化的残渣,在 1000r/min 条件下离心 5min,弃上清液

5. 加入 3 ～ 4mL 的 13% CPW 洗液,相同条件下离心 2 ～ 5min,弃上清液,留 1mL 作为洗液

6. 取 1mL 原生质体洗液,轻轻加入 3mL 的 20% 蔗糖溶液中,在 1000r/min 条件下离心 5 ～ 10min

7. 密度梯度离心,使生活力强、状态好的原生质体漂浮在 20% 的蔗糖与 13% CPW 之间,破碎的细胞残渣沉入管底

8. 用 200μL 移液器轻轻将状态好的原生质体吸出,加入另一干净的离心管中

 不要吸入下层的蔗糖溶液。

9. 加 4mL 13% CPW 洗液,1000r/min 离心 2 ～ 5min,弃上清液。用血细胞计数板调整原生质体密度为 $10^5 \sim 10^6$/mL 之间

三、原生质体融合及观察

10. 将 1 ～ 2 滴原生质体混合物(密度为 $10^5 \sim 10^6$/mL)滴入小培养皿,静置 8 ～ 10min

11. 相对方向加入 2 滴 40% PEG 溶液,静置 10min,间隔 5min 依次加入 0.5mL、1mL 和 2mL 含 13% 甘露醇的 CPW 洗液

在第二次、第三次洗液加入前,用移液器轻轻吸走部分溶液,但不能吸干,否则原生质体破碎死亡

12. 用液体培养基洗 1 ～ 2 次即可进行培养

两种原生质体加入PEG融合液后,只发生粘连,在洗涤过程中才发生膜融合,核融合通常于融合体第一次有丝分裂过程中发生

四、原生质体的培养

13. 将原生质体或融合体悬液铺于愈伤组织诱导培养基(固体)上,在温度 25℃±2℃,光照度 1000lx,每天光照 1 ～ 16h 的条件下培养

14. 经 1 ～ 2 个月的培养,细胞团长到 2 ～ 4mm,即可转移到分化培养基上,诱导分化芽和根,长成小植株

五、原生质体细胞壁再生的细胞学观察

在倒置显微镜下，观察原生质体的融合过程（图 19-1）。一般脱壁后 3～24h 后可以观察到再生的细胞壁。荧光增白剂是观察细胞壁再生的荧光染料，用该染料可以显示再生的细胞壁（图 19-2）。

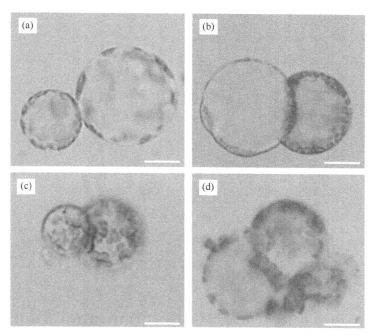

图 19-1　分离的烟草叶肉原生质体及其融合过程（见彩插）

（a）叶肉原生质体接触的过程；（b）～（d）原生质体逐步融合的过程。Bar＝40μm

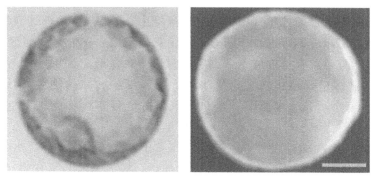

图 19-2　烟草叶肉原生质体细胞壁的再生（见彩插）

培养 3h 的烟草叶肉原生质体再生出细胞壁。紫色荧光为荧光增白剂染细胞壁后发出的荧光。Bar＝20μm

🔘 实验报告

将原生质体培养分化过程进行显微摄影、绘图、描述并分析结果。

🔘 思考题

1. 简述植物原生质体融合培养研究的实践意义。

2. 哪些因素会影响原生质体融合？

参考文献

[1] 孙敬三，朱至清. 植物细胞工程试验技术. 北京：化学工业出版社，2006.

[2] 拉兹丹著. 植物组织培养导论（原著第 2 版）. 肖尊安，祝扬译. 北京：化学工业出版社，2006.

[3] 王金发，何炎明主编. 细胞生物学实验教程. 北京：科学出版社，2004.

[4] Yu G H，Liang J G，He Z K，Sun M X. Quantum dot-mediated detection of gamma-aminobutyric acid binding sites on the surface of living pollen protoplasts in tobacco. Chem Biol，2006，13（7）：723-731.

【实验二十】 鸡胚细胞的原代培养

 实验目的

了解组织块培养法进行原代细胞培养的基本方法及操作过程。学习细胞消化、细胞计数、营养液的配制及酸碱度的调节，初步掌握无菌操作方法。

课前预习

1. 什么是原代培养？什么是传代培养？
2. 细胞原代培养的方法有哪些？细胞培养需要注意什么问题？

实验原理

原代培养（primary culture）也称初代培养，严格地说即从体内取出组织接种培养到第一次传代阶段，但实际上，通常把第一代至第十代以内的培养细胞统称为原代细胞培养。原代培养的细胞叫做细胞株，一般持续 1～4 周。此期细胞呈活跃移动，可见细胞分裂，但不旺盛。原代培养细胞与体内原组织在形态结构和功能活动上相似性大。细胞群是异质的，也即各细胞的遗传性状互不相同，细胞相互依存性强。如把这种细胞群稀释分散成单细胞，在软琼脂培养基中进行培养时，细胞克隆形成率很低，即细胞独立生存性差。克隆形成率即细胞群被稀释分散成单个细胞进行培养时，形成细胞小群（克隆）的百分数。原代培养细胞多呈二倍体核型；由于原代培养细胞和体内细胞性状相似性大，是检测药物很好的实验对象。细胞一旦经过传代培养，便不再称为细胞株，而改称为细胞系。

原代培养是建立各种细胞系的第一步，是从事组织培养工作人员应熟练掌握的最基本的技术。原代培养的细胞脱离了机体复杂生理环境，因而具有很多优点：①便于应用物理、化学、生物等外界因素探索和揭示细胞生命活动的规律；②便于应用各种不同技术方法研究和观察细胞结构和功能的变化；③可以长期研究和观察细胞遗传行为的改变；④可以提供大量生物性状相同的细胞作为研究对象。此外，原代培养的细胞是研究细胞分化机制的极好材料。培养时，根据分散细胞能否贴附于支持体上生长，细胞可分为贴附型和悬浮型两类，绝大多数细胞在培养时呈贴附型，血液白细胞和某些癌细胞则为悬浮型。

原代培养是获取细胞的主要手段，其方法有很多，最基本和最常用的有两种，即组织块培养法和消化培养法，此外还有悬浮细胞培养法（见附录 13）。实际操作中，要根据组织种类和培养要求，采用适宜的方法。消化培养法是采用组织消化分散法，将妨碍细胞生长的细胞间基质、纤维等去除，使细胞分散，形成悬液，易于从外界吸收养分和排出代谢产物，经培养，可以得到大量活细胞，细胞也可能在短时间内生长成片。常用的消化液有胰蛋白酶、胶原酶、EDTA 等。组织块培养法是一种简便易行且成功率较高的常用原代培养方法，即将组织块剪成小块后，接种于培养瓶中继续培养。将分散处理的细胞或细胞团接种于培养瓶后，细胞立即贴附瓶底或其他支持物上生长增殖，此法也称单层细胞培养，适用于贴附型细胞的培养。悬浮培养的细胞始终悬浮在液体培养基中生长，因而可在不增加培养瓶表面积的情况下获得大量细胞。悬浮型细胞如人体和动物的外周血淋巴细胞以及白血病细胞、骨髓瘤细胞等可以采用静止状态下的悬浮培养；而贴附型细胞的悬浮培养需借助动力搅拌或借助固体小颗粒作为载体经连续搅拌悬浮于培养液中，让细胞在载体的表面附着生长。这种微载体悬浮培养扩大了细胞的生存空间和营养液的利用率，大大提高了细胞的产量。

实验材料、用品

培养基（培养液）是维持体外细胞生存和生长的溶液，分天然培养基和合成培养基。

1. 天然培养基

类型：有血清、血浆和组织提取液（如鸡胚和牛胚浸液）等。

优点：营养成分丰富，培养效果好。

缺点：来源受限；成分复杂，影响对某些实验产物的提取和实验结果的分析；易发生支原体污染。

血清的成分：血清中的成分复杂，至今尚未完全清楚。主要有以下成分：①多种蛋白质（白蛋白、球蛋白、铁蛋白等）；②多种金属离子；③激素；④促贴附物质，如纤黏蛋白、冷析球蛋白、胶原等；⑤各种生长因子；⑥转移蛋白；⑦其他不明成分。

血清中不仅存在促细胞生长因子，同时也存在细胞生长抑制因子或毒性因子，因此在含血清培养基中培养的细胞所反映的生物学特性是细胞和复杂血清因子的综合反应。一般来说，含5％小牛血清的培养基对大多数细胞可以维持细胞不死，但支持细胞生长一般需加 10％血清。

常用血清类型有：胎牛血清、新生牛血清、小牛血清、兔血清、马血清等，其中以胎牛血清质量最好。

优质血清的标准：透明，淡黄色，无沉淀物，无细菌、支原体、病毒污染。

血清的灭活（消除补体活性）：56℃，30min。

血清的消毒：过滤除菌。

2. 合成培养基

是根据细胞生存所需物质的种类和数量，用人工方法模拟合成的培养基。目前常使用的合成培养基有 TC199、MEM、RPMI-1640、DMEM 等。

主要成分：氨基酸、维生素、碳水化合物、无机盐和其他一些辅助成分。

优点：标准化生产，组分和含量明确，成本低。

缺点：缺少某些成分，不能完全满足体外细胞生长需要；人工合成培养基只能维持细胞生存，要使细胞生长和繁殖良好，还需补充一定量的天然培养基（如血清）。

3. 无血清培养基

无血清培养基和试剂被广泛应用于培养哺乳动物和无脊动物细胞以制备单克隆抗体、病毒抗原和重组蛋白等。大多数的无血清产品含有向细胞内转运离子的转铁蛋白和调节葡萄糖摄取量的胰岛素，以及一些蛋白质如清蛋白、纤连蛋白、胎球蛋白等，这些蛋白在细胞培养中发挥各种不同功能，如吸附毒性化合物，抗生物反应器剪切力，提供细胞贴壁所需的基质，作为脂类和其他生长因子的载体等。1975 年，Sato 首次成功地用无血清培养基培养了垂体细胞株，近 20 多年来已报道了几十种细胞系在无血清培养基中成功地生长和增殖。

应用领域：在生长因子、蛋白质工程、基因表达调控等研究领域，迫切需要用无血清培养基培养细胞。

主要研制策略：在基础培养基中补充各种必需因子，如激素、生长因子、结合蛋白、贴壁和扩展因子等。

配制：无血清培养基由基础培养基和替代血清的补充成分组成。

优点：无血清细胞培养基的成分已知，稳定可控，因而可保证实验结果的准确性、可重复性和稳定性，减少了细胞污染，简化了提纯和鉴定各种细胞产物的程序。无血清培养液中补加物具有独特性，适用于某种细胞株的培养液，很可能不适合另一种细胞株的生长。即使同源组织的不同细胞株，所需补加物也不同。

缺点：无血清培养基的成本高，复杂，其使用尚处于研究阶段，难以推广。目前，绝大多数人工合成培养基使用时还需添加血清。

4. 抗生素的使用

抗生素的作用：在培养液配制后，培养液内常加适量抗生素，以抑制可能存在的细菌的生长。

抗生素的使用量：通常是青霉素和链霉素联合使用。培养基内青霉素、链霉素、庆大霉素最终使用浓度为 100U/mL，具有方便、广谱和稳定等优点。

5. 完全培养基的组成

完全培养基是在基本培养基内加入一些富含氨基酸、维生素、碱基之类的天然物质及生长因子而制成的各种营养基，可用来满足微生物的各种营养缺陷型菌株的生长需要，是微生物学上常用的一种培养基。细胞培养是一项操作繁琐而又要求十分严谨的实验技术。要使细胞能在体外长期生长，必须满足两个基本要求：一是供给细胞存活所必需的条件，如适量的水、无机盐、氨基酸、维生素、葡萄糖及其有关的生长因子、氧气、适宜的温度，注意外环境酸碱度与渗透压的调节；二是严格控制无菌条件。

基础培养基	80%～95%
血清	5%～20%
碳酸氢钠	2.0g/L
青霉素、链霉素	各 100U/mL

6. 培养基的配制

RPMI-1640 培养粉	1 袋
碳酸氢钠	2.0g
青霉素、链霉素	各 100U/mL

加三蒸水至 1000mL，过滤除菌，调节 pH 值至 7.2，加血清至终含量为 10%。

7. 其他实验器材及用品

污物缸 1 个、酒精灯 2 个、酒精棉球 1 瓶、大镊子 1 把、打火机 1 个、5mL 移液器、RPMI-1640 培养基 30mL（方瓶，2 人共用）、Hank's 液 20mL（圆瓶，2 人共用）、饭盒 1 个、移液管、枪头 4 支、超净工作台、CO_2 培养箱。

实验步骤

一、认识鸡受精卵的结构

实验前，请熟悉鸡受精卵的结构，见图 20-1。

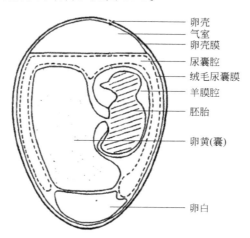

卵壳
气室
卵壳膜
尿囊腔
绒毛尿囊膜
羊膜腔
胚胎
卵黄(囊)
卵白

图 20-1　胚鸡蛋示意图（发育 10 天的胚）

二、鸡胚细胞的原代培养

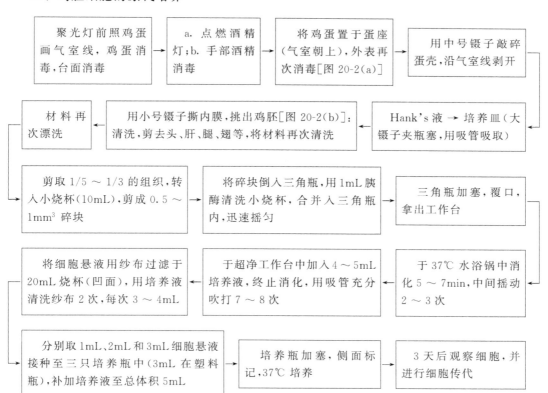

聚光灯前照鸡蛋画气室线，鸡蛋消毒，台面消毒 → a. 点燃酒精灯；b. 手部酒精消毒 → 将鸡蛋置于蛋座（气室朝上），外表再次消毒[图 20-2(a)] → 用中号镊子敲碎蛋壳，沿气室线剥开

材料再次漂洗 ← 用小号镊子撕内膜，挑出鸡胚[图 20-2(b)]；清洗，剪去头、肝、腿、翅等，将材料再次清洗 ← Hank's 液 → 培养皿（大镊子夹瓶塞，用吸管吸取）

剪取 1/5～1/3 的组织，转入小烧杯（10mL），剪成 0.5～1mm³ 碎块 → 将碎块倒入三角瓶，用 1mL 胰酶清洗小烧杯，合并入三角瓶内，迅速摇匀 → 三角瓶加塞，覆口，拿出工作台

将细胞悬液用纱布过滤于 20mL 烧杯（凹面），用培养液清洗纱布 2 次，每次 3～4mL ← 于超净工作台中加入 4～5mL 培养液，终止消化，用吸管充分吹打 7～8 次 ← 于 37℃ 水浴锅中消化 5～7min，中间摇动 2～3 次

分别取 1mL、2mL 和 3mL 细胞悬液接种至三只培养瓶中（3mL 在塑料瓶），补加培养液至总体积 5mL → 培养瓶加塞，侧面标记，37℃ 培养 → 3 天后观察细胞，并进行细胞传代

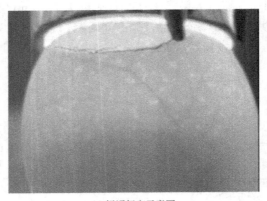
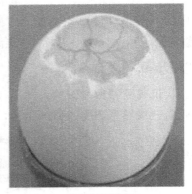

(a) 标记气室示意图　　　　　　　　　(b) 发育3天的胚

图 20-2　气室标注和胚胎培养示意图

实验结果

实验结果见图 20-3。

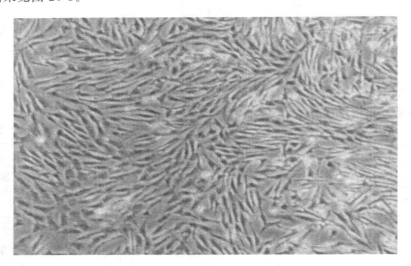

图 20-3　培养中的成纤维细胞，成纤维细胞汇合呈旋涡状（×100）

注意事项

一、原代培养的注意事项

1. 培养液：按照细胞生长情况，选择最适合的培养液；摸索需要补加的成分及添加量；培养体系的酸碱度；适时适当更换培养液。

2. 培养空间：培养液体与液体上方空间的体积比为 1∶10 为宜，液体的高度最好维持在 2～5mm。

二、取材注意事项

1. 取材要准确。

2. 因"材"制宜进行处理。

3. 保持湿润。

4. 使用锋利的刀剪，防止细胞损伤。

5. 动作快，耗时越少越好，可以使用低温（4℃）。

三、细胞分散注意事项

1. 把拟培养的组织分离成单个细胞或由少数细胞组成的细胞团是本实验的首要环节。酶能消化分解细胞间的黏多糖和纤维蛋白，但酶的作用时间必须控制适当，若作用过度将使细胞本身受酶的消化而导致损伤甚至死亡。酶液自身的活性还受环境理化因子的影响，Ca^{2+}、Mg^{2+} 和血清对胰蛋白酶有抑制作用（对胶原酶无此作用），因此被用来终止胰蛋白酶的作用。通常把酶消化法和机械分离法结合起来使用，两种方法互为补充可使细胞分离效果更好。

2. 原代培养时，组织块的接种量或分散细胞的接种量对培养成败有较大影响，过多或过少皆不利于细胞生长。过多容易造成营养成分的过快耗竭和细胞代谢产物的过度积累，过少难于营造细胞生存和生长的微环境。

3. 贴附型组织的原代培养采用组织块培养好还是采用分散细胞培养好，应根据研究目的和实验条件来定。组织块法操作简便，适合于组织量少的原代培养，如牙髓细胞培养等；而不易制成组织块的组织如血管内皮、膀胱黏膜等则用胰蛋白酶灌注消化更容易取得分散细胞。消化法步骤繁琐，易污染，一些消化酶价格昂贵，实验成本高，适用于培养大量组织，原代细胞产量高。

4. 取材后应尽快进行原代培养，根据经验在取材后 4h 内进行培养细胞存活效果最好。

💮 思考题

1. 分析原代培养的技术关键及影响细胞生长的主要因素。

2. 在细胞培养中如何防止污染？

💮 参考文献

[1] Lodish H，Berk A，Kaiser C A，et al. Molecular Cell Biology. 6th ed. New York：W H Freeman and Company，2007.

[2] Garriock R J，Mikawa T. Early arterial differentiation and patterning in the avian embryo model. Semin Cell Dev Biol，2011，22（9）：985-992.

[3] 杨淑慎主编. 细胞工程. 北京：科学出版社，2009.

[4] 完全培养基、无血清培养基、原代培养. 百度百科. http://baike. baidu. com.

[5] 丁明孝，苏都莫日根，王喜忠，邹方东主编. 细胞生物学实验指南. 北京：高等教育出版社，2009.

[6] 刘江东，赵刚，邓凤姣等. 细胞生物学实验教程. 武汉：武汉大学出版社，2005.

【实验二十一】HeLa 细胞的传代培养

💮 实验目的

1. 学习和熟练掌握细胞传代培养的方法。

2. 观察传代细胞贴壁、生长和繁殖过程中细胞形态的变化。

课前预习

1. 为什么要进行传代培养？
2. 如何避免细胞培养过程中的污染问题？

 实验原理

传代培养是指当原代培养的细胞增殖到一定的密度后，将其从原培养容器中取出，按照一定的比例向另外一个或者多个容器中转接所进行的再培养。简而言之，就是将培养物分成小的部分，重新接种到另外的培养器皿内，继续培养。传代培养的本质是对培养物进行分割和稀释。传代培养的原因主要有：①细胞充满培养空间；②由于细胞相互接触抑制而停止生长；③传代处理可以淘汰培养物中比例不大的细胞类型，达到纯化细胞类型的目的。要观察培养物是否已经基本长满培养瓶的生长面，一般来说如果没有达到80％，不要急于传代，对于首次传代的培养物更是如此。

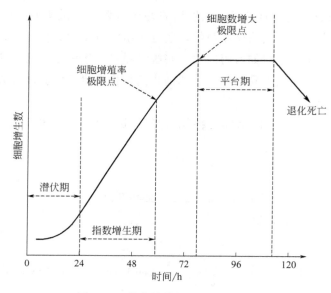

图 21-1　传代培养细胞的生长曲线

一般来说，细胞的离体培养生长过程分为三个时期，即潜伏期、指数增生期和停滞期（图 21-1）。细胞接种后，先经过一个在培养液中呈悬浮状态的悬浮期。此时，细胞质回缩，胞体呈圆球形，然后细胞贴附于载体表面，称贴壁，悬浮期结束。一般情况下，原代培养细胞贴壁速度慢，可达 10～24h 或更长；而传代细胞系贴壁速度快，通常 10～30min 即可贴壁。细胞贴壁后还需经过一个潜伏阶段，才进入生长和增殖期。原代培养细胞潜伏期长，需 24～96h 或更长；连续细胞系和肿瘤细胞潜伏期短，仅需 6～24h。指数增生期（logarithmic growth phase）是细胞增殖最旺盛的阶段，分裂相细胞增多。指数增生期细胞分裂相数量可作为判定细胞生长是否旺盛的一个重要标志。通常以细胞分裂相指数（mitotic index，MI）表示，即细胞群中每 1000 个细胞中的分裂相数。一般细胞的分裂相指数介于 0.1％～0.5％，原代细胞分裂相指数较低，而连续细胞和肿瘤细胞分裂相指数可高达 3％～5％。指数增生期的细胞活力最好，是进行各种实验最佳时期，也是冻存细胞的最好时机。在接种细胞数量适宜情况下，指数增生期持续 3～5 天后，随着细胞数量不断增多、生长空间减少，最后细胞相互接触汇合成片。正常细胞相互接触后能抑制细胞运动，这种现象称接触抑制现象（contact inhibition）。而恶性肿瘤细胞无接触抑制现象，能继续移动和增殖，导致细胞向三维空间扩展，使细胞发生堆积（piled up）。细胞接触汇合成片后，虽然发生接触抑制，但只要营养充分，细胞仍能进行增殖分裂，因此细胞数仍然在增多。但是，当细胞密度进一步增大，培养液中营养成分减少，代谢产物增多时，细胞因营养枯竭和代谢产物的影响，导致细胞分裂停止，这种现象称密度抑制现象。细胞数量达到饱和密度后，如不及时进行传代，细胞就会停止增殖，进入停滞期。此时细胞数持平，故也称平台期。停滞期细胞虽不增殖，但仍有代谢活动。如不进行分离传代，细胞会因培养液中营养耗尽、代谢产物积聚、pH 下降等因素中毒，出现形态改变，贴壁细胞会脱落，严重的会发生死亡，因此，应及时传代。

 实验步骤

```
┌──────────────┐    ┌──────────────────┐    ┌──────────────────────────┐
│ 吸除培养瓶    │ →  │ 向瓶内加入胰蛋白酶溶液 │ →  │ 用肉眼或者倒置显微镜观察消化状    │
│ 内旧的培养基   │    │ 1mL,于室温或37℃消化1.5min │    │ 态,当细胞层上出现针孔状斑或者镜检 │
└──────────────┘    └──────────────────┘    │ 发现细胞变圆回缩,即可吸去消化液   │
                                            └──────────────────────────┘
                                                        ↓
┌──────────────┐    ┌──────────────────┐    ┌──────────────────────────┐
│ 盖好培养瓶盖,放置于培 │ ←  │ 将细胞悬液传入两个培养 │ ←  │ 加入 2～3mL 培养液,用吸     │
│ 养箱中,37℃ 培养 24～48h │    │ 瓶中,并向新瓶补加 2～3mL │    │ 管吹打,使细胞脱落(可以适    │
└──────────────┘    │ 培养液            │    │ 当振荡)                  │
                    └──────────────────┘    └──────────────────────────┘
```

 实验结果

1. 培养中的 HeLa 细胞显微图像见图 21-2。

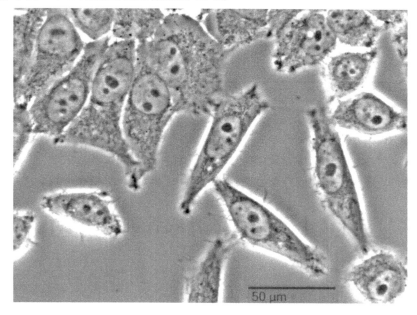

图 21-2　培养中的 HeLa 细胞显微图像

2. 倒置显微镜下细胞生长情况见图 21-3。

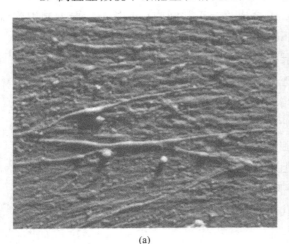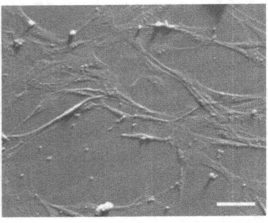

(a)　　　　　　　　　　　　　　　　(b)

图 21-3　生长中的 HeLa 细胞贴壁生长情况

注意事项

1. 霉菌一般红、清，初期只有菌丝，没有霉斑。

2. 细胞初期呈三角形，后呈长梭形。

3. 胞体大而透明，说明生长情况良好，反之，则说明培养条件不佳或细胞已经衰老。

4. 培养液变为黄色、清亮即表明培养基需要更换。

5. 表 21-1 中特征，表明了细胞生长过程中是否受到霉菌污染。

表 21-1　细胞培养的结果观察与鉴定

项　目		肉眼观察	显微镜观察
污染	细菌	黄、混	大量小粒
	霉菌	霉斑	大量菌丝
未污染	未生长	红、清	组织边缘无迁移
	生长	黄、清、生长晕、连片铺瓶	组织边缘细胞迁移、细胞长梭形、连片

参考文献

[1] 杨淑慎主编. 细胞工程. 北京：科学出版社，2009.

[2] 王金发，何炎明主编. 细胞生物学实验教程. 北京：科学出版社，2004.

[3] 刘江东，赵刚，邓凤姣等. 细胞生物学实验教程. 武汉：武汉大学出版社，2005.

【实验二十二】小鼠颅盖骨成骨细胞的原代培养

实验目的

1. 了解小鼠颅盖骨成骨细胞培养的基本原理和方法。

2. 学习细胞传代、细胞计数及培养基的配制等基本操作。

课前预习

成骨细胞的功能是什么？其生长和分化受哪些因素影响？

 实验原理

在动物体内骨骼的形成过程中，最初一些间充质细胞集缩并且分化成软骨细胞进而构成软骨组织，这就形成了骨骼的原始雏形。其中部分软骨细胞凋亡，随着血管侵入，成骨细胞进而在残存的软骨基质上合成骨基质。这样软骨逐渐被骨所替换，其中一部分间质细胞集缩，可以直接分化形成成骨细胞进而形成骨细胞。一个成骨细胞可以在 3～4 天内分泌于其三倍体积的基质，然后把自身包埋于其中，此时即变为骨细胞。在骨骼形成以后的生长过程当中，其软骨细胞不断地增殖、分化、成熟和凋亡，并且凋亡的软骨组织又不断地被成骨细胞合成的骨基质所替代，这样就使得骨骼不断地变粗变长。因此，骨形成的主要功能细胞是成骨细胞，它们负责着骨基质的合成、分泌和矿化。

伴随着细胞培养技术的不断发展，国内外相继开展了成骨细胞的体外培养。由于成骨细胞的体外培养能够排除体内多种因素之间的相互影响，可以用于分别研究单因子对成骨细胞的影响。因此，体外培养的成骨细胞已经成为研究成骨及骨代谢的模型细胞。

成骨细胞主要来源于骨髓、骨膜、骨组织及部分间充质组织内，例如来源于骨髓的基质干细胞、骨膜源性成骨细胞、骨组织及间充质干细胞诱导分化而来的成骨细胞，上述来源的成骨细胞均可作为种子细胞对骨代谢进行研究。

目前在国际上已经有多种能够无限进行传代的成骨细胞样细胞株，这些细胞株或进行了基因转染，或来源于肿瘤组织，纯度和稳定性都能够得以保障。但是在其给研究带来诸多方便的同时，也因它们功能状况与生理状态下正常成骨细胞有显著的差别，因而不能够如实反映出体内成骨细胞的一些代谢情况。所以，从正常小鼠骨组织中分离纯化大量高纯度且保持正常功能的成骨细胞，对骨生物学的研究具有重要意义。

体外培养成骨细胞起源于 1964 年，Peck 等首先使用胶原酶消化骨片，并经过体外培养，成功培养得到成骨细胞。在 1975 年，Wong 等使用胶原酶经过多次消化鼠的颅盖骨，并且使成骨细胞进一步得到纯化。在 1985 年，Robey 等采用低钙培养液培养骨片而获得了人的成骨细胞，并且进一步进行了纯化。伴随着细胞培养技术的不断发展，来源于不同动物的原代成骨细胞都已经被成功地分离培养。它们主要包括乳小鼠颅盖骨、乳大鼠颅盖骨、大白鼠股骨骨髓分离培养的成骨细胞，兔胫骨骨膜、兔颅盖骨、胎兔长管骨骨髓细胞诱导分化而成的成骨细胞。

目前，常见分离培养成骨细胞的方法有两种：组织块移植法和酶消化法。根据成骨细胞具有移行生长的特点而设计的组织块移植法，在培养过程中，成骨细胞不断从组织块中迁移出来，并且不断增殖。这种方法培养出来的成骨细胞不需要额外的酶消化处理，所以此方法既简便，又可靠。但缺点是细胞产出率低且培养时间长，这在一定程度上限制了它的应用。酶消化法主要是通过酶的消化作用将成骨细胞直接从骨质中解离出来而进行培养。此方法是将组织块经过胶原酶和胰蛋白酶处理，经过离心收集细胞，并制成细胞悬浮液进行细胞培养。这种方法所需时间短，且一次可获得大量细胞。但也存在着明显的缺点，例如酶消化处理时间长达 1h 左右，对抗原成分和细胞膜表面受体有损害。

　　本实验综合了组织块移植法和酶消化法两种方法的优点，采用改良组织块法分离培养小鼠颅盖骨的成骨细胞，通过倒置显微镜观察细胞形态，目的在于获得原代培养的小鼠成骨细胞。

🌑 实验材料、用品

　　1. 主要试剂：DMEM（GIBCO）；新生牛血清（GIBCO，简称 FCS）；谷氨酰胺（Amerro）；抗坏血酸（Amerro）；青霉素（华北制药）；链霉素（Amerro）；HEPPES（Amerro）；胰蛋白酶（1∶250，Amerrao）。

　　2. 实验仪器：超净工作台（SW-CJ-2FD 型双人单面净化工作台，苏净集团安泰公司）；二氧化碳培养箱（SANYO Electric Biology Co，Ltd）；电热鼓风干燥箱（天津市泰斯特仪器有限公司，101-1AB）；高速台式冷冻离心机（上海安亭科学仪器厂，TGL-16G-C）；立式压力蒸汽灭菌锅（上海博迅实业有限公司医疗设备厂，YXQ-LS-50S11）；倒置显微镜（重庆光学仪器厂）；移液器（1000μL、200μL、100μL 各一把）；量筒（1000mL、100mL、10mL 各一个）；移液吸头（1000μL、200μL、20μL 若干）；细胞培养瓶 10 只；滤器、滤膜（0.22μm，若干）。

　　3. 其他实验器材及用品：污物缸 1 个、酒精灯 1 个、酒精棉球 1 瓶、剪刀一把、镊子 1 把、打火机 1 个、5mL 移液器、铁盒或铝盒 1 个。

　　4. 溶液配制

　　（1）PBS 缓冲液（1000mL）

NaCl	8.00g
KCl	0.20g
KH_2PO_4	0.20g
$Na_2HPO_4 \cdot 12H_2O$	2.88g

加超纯水溶解，并定容至 1000mL，121℃灭菌 30min，4℃保存。

　　（2）DMEM（1000mL）

DMEM 培养基干燥粉（Invitrogen）	
HEPPES 缓冲系	2.38g
$NaHCO_3$	3.70g
蒸馏水	900mL

测定其 pH 值为 7.2～7.5 之间，用二次高温灭菌蒸馏水定容至 1000mL，过滤除菌，4℃保存。

　　（3）0.25% 胰蛋白酶-0.02% EDTA 消化液：称取 0.25g 胰蛋白酶溶于 50mL PBS 缓冲液，过滤除菌，与 50mL 0.04%EDTA 溶液（0.02g EDTA 溶解于 50mL PBS 缓冲液，121℃灭菌 30min）混匀，分装，即为 0.25% 胰蛋白酶-0.02% EDTA 消化液，－20℃保存。

　　5. 溶液及器皿的灭菌：先将细胞培养瓶、试剂瓶、针头过滤器、针筒、小烧杯、吸头等用灭菌锅进行高温灭菌后（121℃，30min），烘干备用。在超净工作台上将已经配制好的 DMEM 培养液用立式过滤器进行过滤除菌，然后进行分装，4℃保存，备用。胰蛋白酶溶液、MTT 液等用注射器和加灭菌滤膜的滤器进行手动过滤除菌，然后进行分装，−20℃保存，备用。

 实验步骤

一、实验流程图

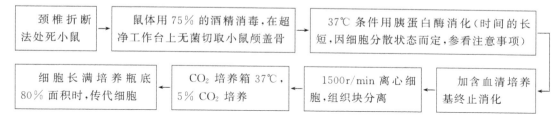

```
┌──────────────┐   ┌────────────────────┐   ┌─────────────────────────────┐
│ 颈椎折断      │   │ 鼠体用 75% 的酒精消毒,在超 │   │ 37℃ 条件用胰蛋白酶消化(时间的长 │
│ 法处死小鼠    │→ │ 净工作台上无菌切取小鼠颅盖骨 │→ │ 短,因细胞分散状态而定,参看注意事项) │
└──────────────┘   └────────────────────┘   └─────────────────────────────┘
                                                                  ↓
┌──────────────┐   ┌────────────────┐   ┌─────────────────┐   ┌──────────────┐
│ 细胞长满培养瓶底 │   │ CO₂ 培养箱 37℃, │   │ 1500r/min 离心细 │   │ 加含血清培养    │
│ 80% 面积时,传代细胞│← │ 5% CO₂ 培养     │← │ 胞,组织块分离     │← │ 基终止消化      │
└──────────────┘   └────────────────┘   └─────────────────┘   └──────────────┘
```

二、小鼠颅盖骨原代细胞培养实验步骤

1. 90mL DMEM 培养基、10mL 新生小牛血清、双抗（青霉素 100U/mL，链霉素 100μg/mL）配成含 10% 血清 DMEM 培养基。

2. 取新生 2～3 天的昆明小鼠（购买于湖北省疾控中心）拉颈处死，置于 75% 酒精的小烧杯中浸泡消毒 5min。在超净工作台上，将处死的小白鼠放在一灭菌培养皿中，用 PBS 缓冲液洗 2 遍。

3. 用镊子夹住其头部，用眼科剪沿头部中间剪开皮肤，再用镊子向两侧撕开，露出颅盖骨，颅盖骨为白色半透明韧性块状组织，将其剪下。

4. 将所分离得到的颅盖骨转移至另一干净培养皿中，刮去软组织，再用 PBS 缓冲液洗 2 次，并清除血管及结缔组织。然后将处理干净的颅盖骨转移到另一灭菌培养皿中，用眼科剪将其剪成约 1mm×1mm 大小的组织块，转移至 10mL EP 离心管。

5. 加入 10 倍以上组织体积的 0.25% 胰蛋白酶-0.02%EDTA 约 2mL，置于 37℃、5% 二氧化碳培养箱中消化 35min。

6. 加 1mL 含 10% 血清的 DMEM 培养基到 EP 离心管终止消化。1500r/min 离心 5min，弃上清液，加入 1.5mL DMEM 培养基并吹打制成细胞悬液，吸取细胞悬液连同组织块移至培养瓶中，让组织块在培养瓶中分布均匀。

7. 培养瓶置于 37℃、5% 二氧化碳培养箱中静止培养。

8. 每 3～4 天换液一次。隔日用倒置显微镜观察细胞形态，可见细胞从组织块中游出生长，呈放射状。细胞长满约 80% 瓶底面积时，传代细胞。

三、成骨细胞传代实验步骤

1. 倒掉瓶中培养基，加入 PBS 缓冲液 2mL，洗细胞一遍。

2. 加入 1mL 0.25% 胰蛋白酶-0.02%EDTA，轻摇使其浸润培养瓶中全部单层细胞。

3. 细胞收缩变圆时，加入 1mL 10% 牛血清的 DMEM 培养基终止消化。

4. 用移液器转移细胞至 10mL EP 管。

5. 1500r/min 离心 5min，弃上清液，收集细胞。

6. 加入 2mL 10% 血清的 DMEM 培养基并吹打成细胞悬液，分成两瓶（第一次传代一般一瓶分成两瓶，以后要根据细胞数量和需要细胞的时间，一瓶分成两瓶或多瓶）。

7. 每瓶补加 4mL 10%牛血清的 DMEM 培养基，37℃、5%二氧化碳培养箱中静止培养，3～4 天换液一次。

8. 实验中一般使用第 2～3 代细胞，此时细胞生长状态最好。

四、成骨细胞的纯化

传代细胞转移至培养瓶中，静置 4min 左右（杂细胞沉淀快，成骨细胞沉淀慢），轻轻斜立培养瓶吸取液体移至新培养瓶中，补适量培养基，置于 37℃、5%二氧化碳培养箱中培养。这样做可部分除去成纤维细胞，纯化成骨细胞。

实验结果

从小鼠颅盖骨分离细胞 2 天后，可以看见组织块周围有明显的细丝状伪足，并向周围呈放射状排列［图 22-1（a）］。3～4 天后，可以看见组织块培养的细胞有明显细丝状并游离出，向周围呈放射状分布，细胞依稀可见圆形或三角形、短梭形或不规则多边形。5～6 天后，可以看见组织块周围细胞明显增多，仍然向周围呈放射状分布，由组织块向外逐渐变稀。7～8 天后，可见细胞增殖明显加快，组织块边缘细胞密不可分，细胞数量增多，大部分区域细胞排列紧密［图 22-1（b）］。细胞逐渐生长融合成片，可以传代。

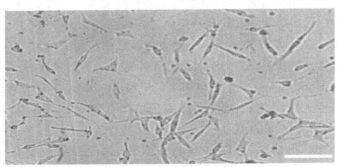

(a) 分离培养2天的小鼠成骨细胞

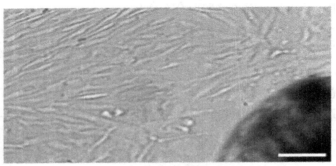

(b) 分离培养8天的小鼠成骨细胞

图 22-1　分离培养的小鼠颅盖骨成骨细胞（Bar＝100μm）

传代细胞刚消化接种培养瓶中细胞呈现圆形，逐渐贴壁生长。成纤维细胞与成骨细胞形态基本相似，成纤维细胞贴壁较快，一般半小时即可贴壁（通过此特性可以除去成纤维细胞）。成骨细胞 1h 后仍有大量悬浮，2～3h 可见细胞基本贴壁。然后细胞开始伸展，形态呈三角形、短梭形或不规则多边形。1 天后，细胞呈现规则梭形为主，2～4 天，细胞对数生长。细胞间隙变小，形态三角形或不规则多边形，多数呈梭形。

注意事项

在本实验中分离培养细胞的关键如下。

1. 在酶消化骨碎片时，要把握好消化的时间，以避免消化时间过长从而造成细胞表面成分的损害，影响细胞贴壁，造成细胞死亡；在消化过程中，可随时吸取少量消化液在倒置显微镜下观察，当发现组织已分散成小的细胞团或单个细胞时，可终止消化。

2. 细胞游离出来以后，要进行适时传代。当细胞融合成单层时传代。如果传代太晚，细胞会衰老；相反传代太早，细胞的数量又太少。

3. 利用成纤维细胞在传代消化时比成骨细胞先脱落的特点，适时终止消化，并倾去先脱落的成纤维细胞，以纯化成骨细胞。

实验中获取的成骨细胞是贴壁生长型细胞，细胞的形态与成纤维细胞类似。刚开始贴壁时细胞多呈现梭形、三角形或多角形，具有数个大小不一的细胞突起，位于细胞质中央的核为卵圆形，当细胞接近融合时，其细胞形态趋于单一，大多数细胞为短梭形。以组织块为中心，细胞呈放射状游离出组织块。

思考题

1. 分离培养原代成骨细胞的基本原理和关键步骤有哪些？

2. 在细胞培养中哪些环节最容易导致细胞污染，如何控制？

参考文献

[1] 杨淑慎主编. 细胞工程. 北京：科学出版社，2009.

[2] 章静波. 医学细胞生物学实验指导与习题集. 第二版. 北京：人民卫生出版社，2010.

【实验二十三】 动物细胞的冻存和复苏

实验目的

学习细胞冻存和复苏的方法。

课前预习

1. 为什么要进行细胞冻存？

2. 细胞复苏过程中要注意什么问题？

实验原理

细胞培养的传代及日常维持过程中，在培养器具、培养液及各种准备工作方面都需大量的耗费，而且细胞一旦离开活体开始原代培养，它的各种生物特性都将逐渐发生变化并随着传代次数的增加和体外环境条件的变化而不断有新的变化。因此及时进行细胞冻存十分必要。细胞冷冻储存在－70℃冰箱中可以保存一年之久；细胞储存在液氮中，温度达－196℃，理论上储存时间是无限的。细胞冻存是保存细胞的主要方法之一。利用冻存技术将细胞置于－196℃液氮中低温保存，可以使细胞暂时脱离生长状态而将其细胞特性保存起来，这样在需要的时候再复苏细胞用于实验。而且适度地保存一定量的细胞，可以防止因正在培养的细胞被污染或其他意外事件而使细胞丢种，起到了细胞保种的作用。除此之外，还可以利用细胞冻存的形式来购买、寄赠、交换和运送某些细胞。

细胞冻存及复苏的基本原则是慢冻快融，实验证明这样可以最大限度地保存细胞活力。目前细胞冻存多采用5%的甘油或15%的二甲基亚砜（DMSO），这两种物质能提高细胞膜对水的通透性，加上缓慢冷冻可使细胞内的水分渗出细胞外，减少细胞内冰晶的形成，从而减少由于冰晶形成造成的细胞损伤。复苏细胞应采用快速融化的方法，这样可以保证细胞外结晶在很短的时间内即融化，避免由于缓慢融化使水分渗入细胞内形成胞内再结晶对细胞造成损伤。

为使细胞复苏时存活率最高，必须创造最佳的冻存条件即尽可能地降低细胞内的晶体形成，减小细胞内水凝固所形成的高浓度溶质对细胞造成的低温损伤，主要方法如下。

① 缓慢冷冻：大部分培养细胞以1℃/min降温时冷冻存活率最高。方法是在4℃离心收集细胞，在冷的冻存液中悬浮，放置于冰上5min，再放在－20℃冰箱30min，然后放于－80℃冰箱过夜，最后于液氮罐长期保存。

② 用亲水的低温保护剂排除水分，在冻存液中加入细胞保护剂甘油或DMSO（二甲基亚砜）后进行冷冻。DMSO相对于甘油而言，穿透细胞的能力强，保护作用好，但有一定毒性，对某些细胞可能会诱导细胞分化。

🔬 实验材料、用品

1. 细胞冻存用培养基：细胞冻存用培养基与细胞生长用培养基不同，其配方见表23-1。

表 23-1　培养基配方

项　目	细胞生长用培养基	细胞冻存用培养基
RPMI-1640	80%～90%	59%
碳酸氢钠	0.37%	7.4%
青霉素、链霉素	100U/mL 和 100U/mL	1%
血清（FBS）	10%～20%	30%
DMSO	—	10%

2. 其他用品：污物缸1个、酒精灯2个、酒精棉球1瓶、大镊子1把、打火机1个、微量移液器和枪头（5mL、1mL 和 50μL 各一个）（每人）、枪架、空 EP 管 2 个、RPMI-1640 培养基（0.75mL）、胰酶（浓度 0.08%，0.75mL）、Hank's 液（1mL）、冻存液

（锡纸，1mL）、冻存管 1 只、0.4％台盼蓝溶液、血细胞计数板、盖玻片、离心机、培养瓶、无菌袖套。

实验步骤

1. 用血细胞计数板计数细胞，确定细胞的浓度，以达到使用较高的细胞浓度冻存细胞，提高存活率的目的。

2. 生存率的检测：①检测潜在的损伤；②基于细胞膜的完整性被破坏；③最常用的是"染料排斥法测定细胞生存率"；④常用染料为台盼蓝、藻红和萘黑；⑤注意：染料与细胞混合后不要放置很久（5～10min），否则活细胞会受到损伤而吸收染料；⑥将细胞悬液滴到血细胞计数板小室的边缘，盖上盖玻片（利用毛细作用使之充满计数板和盖片间的空隙。小室内的液体既不能多，也不能少）。

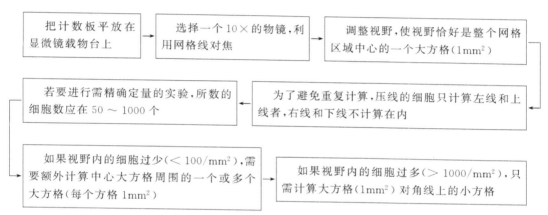

细胞样品浓度的计算公式：

$$c = n/V$$

式中，c 是细胞浓度，细胞数/mL；n 是数过的细胞数；V 是被计数的细胞体积，mL。

血细胞计数室通常是 $1mm^2 \times 0.1mm$ 深，体积为 1×10^{-4} mL，最终公式为：$c = n \times 10^4$，同时需要考虑悬浮细胞所用的总的体积（mL）和样本的稀释倍数。

3. 实验步骤一

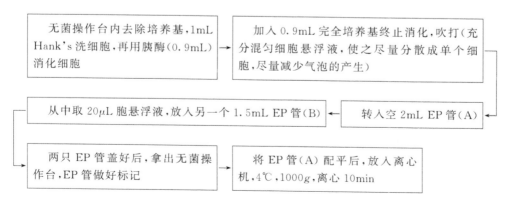

4. 实验步骤二

| 实验室内 EP 管（B）：在 20μL 细胞悬浮液中加入 20μL 0.4% 台盼蓝 | → | 快速混合后，取 20μL 滴在血细胞计数板的计数小室上方，盖上盖玻片，开始计数 | → | 计算出细胞悬浮液的浓度，细胞生存率 |

| 余下的细胞沉淀，加入 0.5mL 细胞冻存液，使细胞悬浮 | ← | 将 EP 管（A）离心后，小心带回无菌操作台，去上清液 | ← | 去盖玻片，将血细胞计数板冲洗干净交老师 |

| 转入细胞冻存管；冻存管上做好标记，棉花或者纱布包裹后放入泡沫箱中，胶带封口 | → | 放入 −20℃ 30min，放入 −80℃ 过夜，转入液氮中长期保存 |

5. 冻存细胞的复苏实验步骤

| 无菌操作室准备间取冻存管（在干冰上，请注意安全），37℃ 水浴 3min（图 23-1） | → | 取出培养瓶，做好标记，37℃ 培养，24h 后给细胞换液 | → | 于无菌操作室将冻存管用酒精消毒，用吸管吹打一次，使细胞悬浮 |

| 培养瓶中加入 3mL 新培养基，取出部分细胞显微镜下检查绘图，盖好瓶塞，37℃ 培养 24 ～ 48h | ← | 24h 后给细胞换液，显微镜室内取细胞，显微镜下检查 | ← | 细胞悬浮液转入培养瓶，培养瓶中加入 3mL 培养基，盖好瓶塞 |

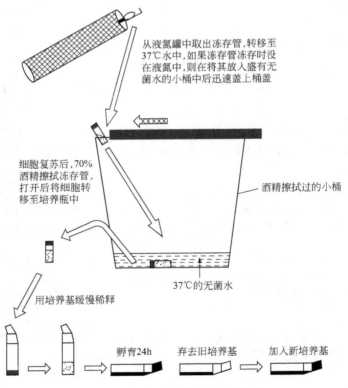

从液氮罐中取出冻存管，转移至 37℃ 水中，如果冻存管冻存时没在液氮中，则在将其放入盛有无菌水的小桶中后迅速盖上桶盖

细胞复苏后，70% 酒精擦拭冻存管，打开后将细胞转移至培养瓶中

酒精擦拭过的小桶

37℃的无菌水

用培养基缓慢稀释

孵育24h　弃去旧培养基　加入新培养基

图 23-1　细胞冻存复苏培养示意图

 **实验结果**

绘制培养 24h 后，显微镜下活细胞形态图。

 **参考文献**

［1］杨淑慎主编. 细胞工程. 北京：科学出版社，2009.

［2］王金发，何炎明主编. 细胞生物学实验教程. 北京：科学出版社，2004.

［3］刘江东，赵刚，邓凤姣等. 细胞生物学实验教程. 武汉：武汉大学出版社，2005.

【实验二十四】 动物细胞融合实验

 **实验目的**

学习使用化学法或电激法诱导细胞融合，并观察融合过程中细胞的行为和变化。

 **课前预习**

什么是细胞融合？细胞融合有什么样的科学意义？

 **实验原理**

细胞融合（cell fusion）是在自然条件或者人工诱导下，两个或者多个细胞合并成为双核或者多核细胞的过程，产生的细胞称为融合细胞。人工细胞融合是 20 世纪 60 年代发展起来的细胞工程技术，是在细胞水平上改造生物遗传性的方法。

基因型相同的细胞融合成的杂交细胞称为同核体（homokaryon）；来自不同基因型的杂交细胞则称为异核体（heterokaryon）。

动物和植物的不同种、属之间的细胞可以融合，并且动植物之间的细胞可以融合，从而培养成各种性状的杂种细胞。细胞融合被广泛应用于研究核质关系、绘制染色体基因图谱、制备单克隆抗体、研究肿瘤发生机制等领域。

目前人工诱导细胞融合的方法如下。

1. 病毒诱导融合

很多种类的病毒能介导细胞融合，如疱疹病毒、牛痘病毒、新城疫鸡瘟病毒、仙台病毒等。这类病毒的被膜中有融合蛋白（fusion protein），可介导病毒同宿主细胞融合，也可介导细胞与细胞的融合，因此可以用紫外线灭活的此类病毒诱导细胞融合。融合率较高，对各种动物细胞都适宜。但是病毒不稳定，在保存过程中融合活性会降低，并且制备过程比较繁琐。此外，病毒引进细胞后，可能会对细胞的生命活动产生干扰。

2. 化学诱导融合

很多化学试剂能够诱导细胞融合，如聚乙二醇（PEG）、二甲基亚砜、山梨醇、甘油、溶血性卵磷脂、磷酸酰丝氨酸等。这类物质导致细胞膜脂分子排列的改变，在去除作用因素之后，质膜恢复原有的有序结构，在恢复过程中由于接口处双分子层质膜的相互亲和和表面张力，使相接触的细胞发生融合。使用方便，诱导细胞融合的频率比较高，效果稳定，适用于动植物，但是具有毒性。

3. 电激诱导融合

发展于 20 世纪 80 年代，包括电激、激光诱导细胞融合方法。使细胞在电场中极化，沿电力线排布，利用高强度、短时程的电脉冲击穿细胞膜导致细胞融合。具有融合过程容易控制、融合频率高、无毒性、作用机制明确、可重复性好等优点。

实验材料、用品

鸡血红细胞悬液（制备参见实验六）、GKN 溶液、0.85％生理盐水、50％PEG 溶液、0.6mol/L 蔗糖溶液、光学显微镜、离心机、恒温水浴锅、载玻片、盖玻片、离心管、吸管等。

GKN 溶液配制：8g NaCl＋0.4g KCl＋1.77g $NaH_2PO_4 \cdot 2H_2O$＋0.69g $Na_2HPO_4 \cdot 12H_2O$＋2g 葡萄糖，加水至 1000mL。

实验步骤

1. PEG 介导的细胞融合

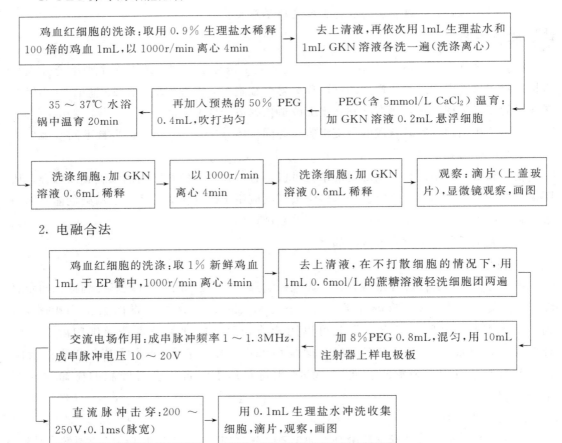

2. 电融合法

实验结果

实验结果见图 24-1。

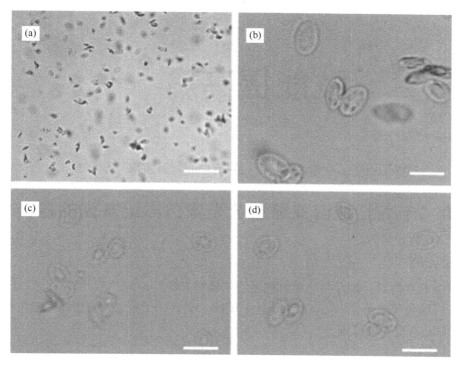

图 24-1　鸡血细胞融合过程（Bar＝50μm）

（a）刚加有 PEG 的鸡血细胞；（b）细胞膜刚开始接触的三对细胞；

（c）融合过程中的三对细胞；（d）融合结束后的细胞

思考： 有什么方法和手段能够确证细胞发生了融合？

思考题

试分析，影响细胞融合的因素有哪些？

参考文献

[1] 杨淑慎主编 . 细胞工程 . 北京：科学出版社，2009.

[2] 王金发，何炎明主编 . 细胞生物学实验教程 . 北京：科学出版社，2004.

技能提高篇

人生重要的在于确立一个伟大的目标，并有决心使其实现——歌德

【实验二十五】拟南芥绿色荧光蛋白标记基因的遗传转化

实验目的

1. 学习和掌握农杆菌介导的基因转化的原理和方法。

2. 学习绿色荧光蛋白（green fluorescent protein，GFP）定位和追踪微丝或微管等细胞骨架蛋白动态变化的原理。

课前预习

1. 根癌农杆菌介导的植物转基因原理。

2. 什么是绿色荧光蛋白？

实验原理

农杆菌是普遍存在于土壤中的一种革兰阴性细菌。在自然条件下趋化性地感染大多数双子叶植物的受伤部位，并诱导产生冠瘿瘤或发状根。一般认为单子叶植物对农杆菌不敏感，但是近年来的研究表明，农杆菌对单子叶植物也有浸染能力。在根癌农杆菌和发根农杆菌的细胞中有一个 Ti 质粒，Ti 质粒是根癌农杆菌染色体外的遗传物质，为双股共价闭合的环状 DNA 分子，其分子质量为 $(95 \sim 156) \times 10^5$ Da，约有 200kb。Ti 质粒上有四个区域：T-DNA 区，Vir 区，质粒转移区（PT），Ori 区，其功能介绍见附录 14。

人们将目的基因插入到经过改造的 T-DNA 区，借助农杆菌的感染实现外源基因向植物细胞的转移和整合，然后通过细胞和组织培养技术，再生出转基因植株。本实验的主要原理就是将绿色荧光蛋白基因分别和微丝结合蛋白基因串联结合并构建到同一 Ti 质粒的左右边界之间（图 25-1）。绿色荧光蛋白最早是由下村修等人于 1962 年在维多利亚多管发光水母中发现。其基因所产生的蛋白质，在蓝色波长范围的光线激发下，会发出绿色荧光。在细胞生物学与分子生物学领域中，绿色荧光蛋白基因常被作为一个报道基因（reporter gene）。一些 GFP 经过基因修饰可作为生物探针，追踪细胞骨架、RNA 的动态分布（见封面彩图）。通过浸花法获得转基因植株，以转基因植株为材料，在细胞中通过检测绿色荧光蛋白的分布来追踪微丝结合蛋白的空间位置的变动，进而反映微丝的动态变化。在拟南芥转化中，浸花法能够获得较高的转化植株。这是因为在农杆菌转化拟南芥的研究中发现，T-DNA 的插入是一种异源插入，即插入只存在于两条同源染色体中的一条，这就表明，转化可能发生在花发育的晚期且在胚充分发育之前。

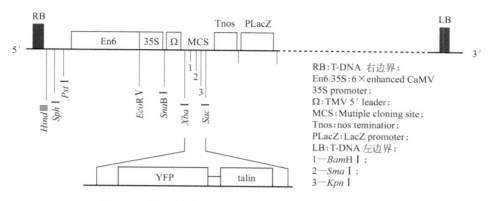

图 25-1　微丝结合蛋白 Talin 与 GFP 的融合构建的质粒，置于 Ti 质粒的左右边界之间

实验材料、用品

1. 植物材料——拟南芥介绍

拟南芥（*Arabidopsis thaliana*）属十字花科，二年生草本，高 7～40cm。基生叶有柄呈莲座状，叶片倒卵形或匙形；茎生叶无柄，披针形或线形。总状花序顶生，花瓣 4 片，白色，匙形（图 25-2）。长角果线形，长 1～1.5cm。花期 3～5 月。拟南芥的优点是植株小（1 个小钵可种植多棵）、每代时间短（从发芽到开花不超过 6 周）、结子多（每棵植物可产很多粒种子）、生活力强（用普通培养基就可做人工培养）。拟南芥的基因组是目前已知植物基因组中最小的，每个单倍染色体组（$n=5$）的总长只有 7000 万个碱基对，即只有小麦染色体组长的 1/80，对其进行基因克隆和功能鉴定工作相对而言比较容易。拟南芥是自花授粉植物，基因高度纯合，用理化因素处理产生的突变率很高，容易获得各种代谢功能的缺陷型。例如用含杀草剂的培养基来筛选，一般获得抗杀草剂的突变率是 1/100000。由于有上述这些优点，所以拟南芥是进行遗传学研究的好材料，被科学家誉为"植物中的果蝇"。

图 25-2　拟南芥

2. 标记微丝的质粒

标记微丝的质粒（35S-Talin-GFP）由 Holweg 博士提供，质粒经大肠杆菌扩增后，提取质粒，然后用电转法将质粒导入 LBA4404 农杆菌中，经 $50\mu g/mL$ 卡那霉素在固体 LB 平板上筛选，28℃培养过夜，挑取菌落用液体培养后，用于植株转化。

3. 拟南芥种植和农杆菌转化

拟南芥种子（Columbia 基因型）播种于蛭石中，置温室 20～22℃ 培养，相对湿度为 60%～70%，光强为 16000 lx，16h 和 8h 的光暗循环。培养基为 MS 培养液。待植株生长 6 周后，待花序长出后剪去其顶生花序，再经过 4～6 天培养，有更多侧生花序生长出后进行转基因操作。转化方法为浸花法，转化时农杆菌的 OD 值为 0.8。在农杆菌溶液中加入 Silwet L-77，使终浓度为 0.005%（50μL/L）。植株放入大口容器中，剪掉角果，将其倒转，使地上组织全部浸没在农杆菌悬浮液中 0.5min，并轻轻搅动。浸润后植株上应该有一层液体，将浸润过的植株放在垫有湿润报纸的塑料盘中以保湿，以黑色塑料袋包扎背光使之置于暗处 24h，放回温室正常浇水和培养植株。隔一周再进行一次同样的转化以提高转化率。植株进一步生长 3～5 周，直至角果变褐变干，收获种子，并将种子用离心管在 4℃ 下干燥储存。

4. 转化植株的筛选

将浸花法得到的种子经 5% 次氯酸钠表面消毒后，播种于含有 100mg/mL 卡那霉素的 $\frac{1}{2}$MS 固体培养基上进行筛选。将子叶颜色深绿的小苗小心转入蛭石中培养，收获种子。将得到的种子再经过 2 轮筛选，筛选到荧光强的种子。

MS 培养基的配方见附录 5。固体培养基的配方是在 $\frac{1}{2}$MS 培养液的基础上加入 1% 蔗糖、0.8% 琼脂，用 1mmol/L 的 NaOH 调 pH 为 5.6，高压灭菌后倒平板，倒平板时加入 100mg/mL 卡那霉素。

5. 转基因植株的荧光观察

在载玻片上滴加 1～2 滴 MS 液体培养基，用镊子轻轻撕下转基因拟南芥植株的根，放在载玻片液中，盖上盖玻片，置于荧光显微镜下观察。原生质体的分离是将拟南芥的根放在分离原生质体酶液中水解 3～4h，然后进行观察。

6. 分离原生质体酶液

甘露醇	400mmol/L
$CaCl_2$	8mmol/L
MES-KOH	5mmol/L
pH	5.6
纤维素酶（Celluase R-100）	1%（酶解时加入）
离析酶（Macerozyme R-10）	0.25%（酶解时加入）

7. 其他材料和试剂

普通拟南芥种子（Columbia phenotype）、培养的农杆菌、TB 50μL/mL、Kan+ 100mg/mL、蔗糖（分析纯）、琼脂粉、无菌水、托盘、剪刀、镊子、EP 管、量筒、pH 计、电子天秤、离心机、光学显微镜、荧光显微镜、载玻片、培养皿、蛭石和移液枪。

🔬 实验步骤

1. 农杆菌感受态细胞的制备

将农杆菌 LBA4404(抗硫酸链霉素,25g/mL)接种在 YM 平板上,26～28℃ 培养 48h → 挑取单菌落接种到 40mL YM 液体培养基中,28℃ 条件下,250r/min悬浮培养 12～20h

弃上清液,用100mmol/L NaCl(4℃ 预冷)重悬农杆菌,4℃,8000g 离心 8min ← 在超净工作台上将菌液转入灭过菌的 50mL 离心管中,4℃,8000g 离心 8min

弃上清液,加入原始农杆菌液1/50体积的 20mmol/L CaCl₂ 溶液重悬菌体 → 并分装成 100mL/ 管,将分装后的离心管置于液氮中 10s,－80℃ 保存

2. 转基因农杆菌株的电激转化及筛选

分别提取质粒 35S-Talin-GFP → 将电激杯在酒精中清洗两次,倒立风干 → 取 1μL 质粒和农杆菌感受态混合 → 将农杆菌细胞加入到电激杯中,至少 100μL

连按两次 pulse 键,显示 CH9,进行电激,电激会自动进行 ← 将电激杯对准后面的凹槽,放入电激仪中 ← 开启电激仪,同时按电激仪的上下键,仪器显示 1800V

取出电激杯,加入 1mL 无抗的 LB 培养液,混合后吸出,移至 EP 管中,25℃,250r/min培养 4～6h → 将培养物涂布于含有 50μg/mL 卡那霉素的固体 LB 平板上,28℃ 培养 → 挑取单菌落,液体培养后,用于植株转化

3. 用浸泡花序的方法转染拟南芥植株

野生型拟南芥放在 4℃ 冰箱中低温处理 2 天后,播种于用培养液浸湿的蛭石中,置于温室中培养,温度 20～22℃,相对湿度60%～70%,光照 16h,黑暗 8h → 植株培养约 1 个半月至茎高约 4cm时,去除其顶生花序,注意要避免伤及叶生花序,去除顶生花序将刺激叶生花序的生长

用 LB 液体培养基培养含有正确的目的质粒的农杆菌菌株 LBA4404,28℃,150r/min培养 24～48h。处于对数生长期或者接近平台期的农杆菌 ← 去除顶生花序 4～6 天后可以进行转基因操作。理想的植株有较多的未开放的花蕾,很少已开始发育的角果。转化前,将已经授粉花及果荚去掉,并使土壤吸足水分

离心收集培养的农杆菌,重悬于 5% 新鲜配制的蔗糖溶液中,使终浓度为 OD₆₀₀ = 0.8 → 在浸泡前,加入 Silwet L-77,使终浓度为 0.05%(500μL/L),并混合均匀

继续按常规方法培养拟南芥直至种子成熟。收集种子,充分干燥保存,并进行抗性筛选 ← 浸泡过的植株用罩子罩 16～24h 以保持湿度 ← 将拟南芥植株的地上部分(也可以仅花序)在农杆菌溶液中浸泡 2～3s,并轻柔搅动。能看见在表面包被一层水膜即可

4. 筛选转化植株

配制 $\frac{1}{2}$MS 培养基,加入 2% 的蔗糖,调 pH 至 5.8 ~ 5.9,加入 0.8% 的琼脂,灭菌,冷却至不烫,加入 TB 50μL/mL,Kan⁺ 100mg/mL,倒平板冷却

配制 0.1% 的琼脂糖培养基,灭菌,冷却至不烫,加入 TB 50μL/mL,Kan⁺ 100mg/mL,冷却

用无菌水清洗 3 次,每次 3min

将充分干燥的种子分成约 1000 粒/管(约 20mg),用 5% 的次氯酸钠、0.01%Tween 20 的消毒液进行表面消毒 5 ~ 10min

表面消毒后的种子于 0.1% 琼脂糖培养基混匀后均匀地涂布在 $\frac{1}{2}$MS 固体培养基,加入 TB 50μL/mL,Kan⁺ 100mg/mL

于 4℃ 放置 48h 后,移入人工培养室中培养。种子萌发后,转化苗子叶深绿,根较长。非转化苗发黄,根短,不能长期存活

经过一段时间后,将其转入蛭石中培养至成熟并让其自花授粉结子,并记录转化子数目。收获种子,干燥条件下保存待用

已确定是转化子的植株,将其转入铺有滤纸的平皿中,加适量水,定期开盖使其适应外界环境

5. 检测转化种子

配制 $\frac{1}{2}$MS 培养基,加入 2% 的蔗糖,调 pH 至 5.8 ~ 5.9,加入 0.8% 的琼脂,灭菌,倒平板,冷却

将收获的种子(Ta)及野生型种子用 5% 的次氯酸钠表面消毒 5 ~ 10min,然后用无菌水洗 3 遍,每次 3min

将培养皿竖立放置,种子点成的线与水平面平行,使根平行于培养基表面生长

表面消毒后的种子均匀点在 $\frac{1}{2}$MS 培养基上,点成一排

培养数天后,在荧光显微镜下观察根部荧光,并与野生型进行对比,确定是否转化成功

用镊子轻轻撕下转基因拟南芥植株的根,放在洁净的载玻片上,加入 MS 液体培养基,盖上盖玻片,置于荧光显微镜下观察

取 6 个离心管,分别加入 0.0025g Macerozyme R-10 及 0.01g Celluase R-100

配制 MS 培养基、$\frac{1}{2}$MS 培养基、分离拟南芥原生质体酶液

然后分别加入 1mL 的 MS 培养基、$\frac{1}{2}$MS 培养基、分离拟南芥原生质体酶液,各加两管

并在加入相同液体的管子上分别标注 Ta,取 Ta 植株的根部剪碎加入到相应的管子中,放在摇床上酶解 3h。然后在荧光显微镜下观察荧光在细胞中的分布

实验结果

1. 转基因拟南芥植株生长正常

用浸花法将 35S-Talin-GFP 质粒转化拟南芥。质粒的转化效率较高，在 F_1 代种子中筛选到 5 个绿色幼苗。F_2 代中，两种质粒转化的植株幼苗（10 日龄）生长正常，和非转化的野生型幼苗没有明显的形态区别，表明 GFP 标记的报告基因对植物的生长没有影响。

2. actin 蛋白在转基因植株根部的荧光分布

为避免叶片叶肉细胞自发荧光对 GFP 荧光的干扰，以 10 日龄拟南芥的根部为观察对象，通过荧光显微镜的观察，在 F_2 种子萌发试验中，有绿色荧光分布的植株占萌发植株的 100%，表明收获的 F_2 都为转基因种子。在根部细胞中，较强的绿色荧光分布在根尖的生长点和伸长区［图 25-3(a)］，在荧光图像中几乎看不到细胞的轮廓。这可能是由于这些区域的细胞体积过小［图 25-3(c)］，它们发出的荧光相互干扰造成的。在成熟区，观察到 actin 的荧光分布主要位于细胞的周围，靠近细胞壁的区域荧光信号较强［图 25-3(b)］，这可能是由于成熟细胞中较大的液泡将细胞质骨架挤压至细胞周围之故。

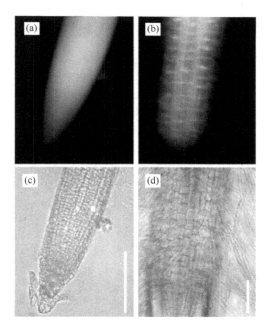

图 25-3　actin 在拟南芥根伸长区和成熟区的荧光分布（见彩插）
(a) 根生长点和伸长区的荧光分布；(b) 成熟区的荧光分布；
(c) 为 (a) 的明视野图像；(d) 为 (b) 的明视野图像。Bar＝$500\mu m$

通过对根毛细胞的局部放大，actin 细胞骨架除分布在细胞膜周围外，在细胞核周围的荧光信号也较为明显［图 25-4(a)，箭头所示］，表明了细胞核骨架的存在。为进一步确证 actin 荧光的存在，分离了拟南芥的根部细胞原生质体，结果表明绿色荧光主要分布在细胞液泡周围的细胞质中［图 25-4(c)，(b) 为明视野］。

为观察根毛细胞是否具有荧光，将荧光汇聚在根毛细胞中。结果显示在根毛细胞中也

具有 actin 细胞骨架的荧光分布 [图 25-5(b)]。但与根毛成熟区细胞的荧光相比，其荧光
分布要弱得多，且其分布表现出不均匀的特点，其原因尚未清楚。

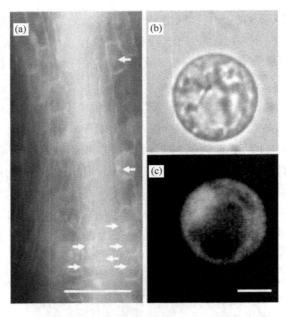

图 25-4　actin 在拟南芥成熟区细胞的分布（见彩插）

(a) 拟南芥成熟区细胞，显示 actin 主要分布在细胞质和细胞核周围（箭头示），Bar＝600μm；
(b) 根部细胞的原生质体，示细胞中央的液泡；(c) 根部细胞原生质体的荧光图像，
示绿色荧光主要分布在液泡周围，Bar＝100μm

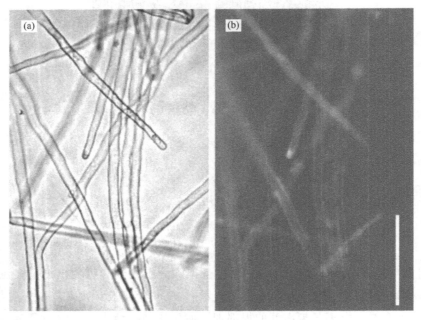

图 25-5　actin 根毛细胞的荧光分布（见彩插）

(a) 根毛细胞的明视野照片；(b) 根毛细胞的荧光照片，在根毛细胞的细胞
膜区域和尖端显示荧光分布的不均匀性。Bar＝600μm

🐛 **实验报告**

绘制 actin 在拟南芥根伸长区和成熟区的荧光分布图。

🐛 **思考题**

1. 简述绿色荧光蛋白标记跟踪其他蛋白的原理和实验操作技术。
2. 简述微管蛋白组装-去组装的过程。

🐛 **参考文献**

[1] Sheahan M B，Staiger C J，Rose R J，McCurdy D W. A Green Fluorescent Protein Fusion to Actin-Binding Domain 2 of Arabidopsis Fimbrin Highlights New Features of a Dynamic Actin Cytoskeleton in Live Plant Cells. Plant Physiol，2004，136：3968-3978.

[2] Gelvin S B. Agrobacterium-Mediated Plant Transformation：the Biology behind the "Gene-Jockeying" Tool. Microbiol Mol Biol Rev，2003，67（1）：16-37.

[3] Clough S J，Bent A F. Floral dip：a simplified method for Agrobacterium-mediated transformation of Arabidopsis thaliana. Plant J，1998，16：735-743.

【实验二十六】 去壁低渗火焰干燥法制备植物染色体标本

🐛 **实验目的**

1. 掌握"去壁低渗火焰干燥法"制备植物染色体标本。
2. 了解中期染色体的形态结构。

🐛 **课前预习**

1. 植物细胞的细胞壁结构成分有什么特征？
2. 什么是染色体核型分析？

🐛 **实验原理**

低渗火焰干燥法最早被美籍华裔遗传学家徐道觉（Tao-Chiuh Hsu，1952）用于制备动物细胞染色体制片，即把动物细胞置于低浓度的 KCl 溶液或蒸馏水等低渗液中，使动物组织细胞充分吸水膨胀，然后利用固定液使得染色体分散，平整地铺展在载玻片上，再用火焰干燥让染色体紧贴在载玻片上（图 26-1）。此法有效地克服了一般压片法中存在的染色体分散不开、平展不良的弱点。

20 世纪 70 年代末，低渗火焰干燥法被植物细胞遗传学家尝试运用到植物染色体标本的制备中。由于植物细胞外被有一层细胞壁，他们先用一定浓度的纤维素酶和果胶酶混合物把细胞壁消化，得到原生质体，然后再参照动物染色体的制备方法进行低渗、火焰干燥法制备染色体标本，这一制片方法被称为去壁低渗火焰干燥法。1978 年，Mouras 等、Kurata 等运用此法，相继成功地制备了烟草、水稻的染色体标本。我国的陈瑞阳等（1979，1982）用这一方法制备了 37 科 105 种植物的染色体标本，效果良好。

图 26-1 火焰干燥

　　去壁低渗火焰干燥法的程序大致包括：取材、预处理、前低渗、固定、酶离解、后低渗、涂片（或滴片）等几个步骤。预处理结束后即进行前低渗处理，目的是使细胞充分膨胀，制片时染色体易于铺展。在这些步骤中，酶解离是最关键的一步，不同材料的酶解离时间不同，这要根据具体情况进行探索。酶解后低渗时间的掌握也很重要，低渗时间不足，染色体就分散不开；时间太长则可能使原生质破裂，染色体丢失。

　　本实验以单子叶植物水稻的根尖（或双子叶植物茎尖）为材料，染色体制片参照 Ren 等的方法略加改进，学习去壁低渗火焰干燥法制备植物染色体的技术。以这种方法制备的分散良好、形态清晰的有丝分裂中期染色体制片可用于细胞染色体核型和荧光原位杂交等分析。

 **实验材料、用品**

　　1. 材料：水稻根尖（单子叶植物）、猕猴桃茎尖（双子叶植物）。

　　2. 用具：显微镜，温箱，冰箱，眼科镊子，刀片，载玻片，长方形盖玻片，试剂瓶，三角瓶，量筒，酒精灯，青霉素小瓶，培养皿，玻璃凹片，注射器。

　　3. 试剂：0.075mol/L 氯化钾（或双蒸水）；混合酶液（称取纤维素酶、果胶酶各0.5g，加入 20mL 蒸馏水即为 2.5％混合酶液，冰箱内冰冻保存）；甲醇：冰醋酸（3：1）固定液；酒精。

实验步骤

材料准备	将水稻种子充分浸种后,摆在铺有滤纸的培养皿内,在 28～30℃ 温箱发芽培养
前低渗	待根长至 0.5～1cm 时,切下根尖,放青霉素小瓶中,加入 0.075mol/L 氯化钾（或双蒸水）低渗液,在 25℃ 下处理 30min
固定	把处理后的根尖(茎尖)去低渗液,向青霉素小瓶中加入新配制的甲醇：冰醋酸(3：1)固定液进行固定,根尖(茎尖)可以放在固定液中进行保存,也可以转入 75％ 的酒精溶液中较长时间保存

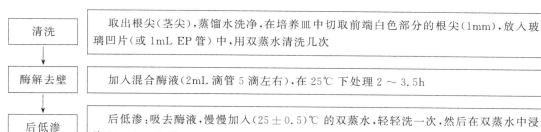

清洗	取出根尖(茎尖),蒸馏水洗净,在培养皿中切取前端白色部分的根尖(1mm),放入玻璃凹片(或1mL EP管)中,用双蒸水清洗几次
酶解去壁	加入混合酶液(2mL滴管5滴左右),在25℃下处理2～3.5h
后低渗	后低渗:吸去酶液,慢慢加入(25±0.5)℃的双蒸水,轻轻洗一次,然后在双蒸水中浸泡30min～1.5h

经过上述两种方法处理的材料,可用两种方法制备染色体标本。

1. 涂片法

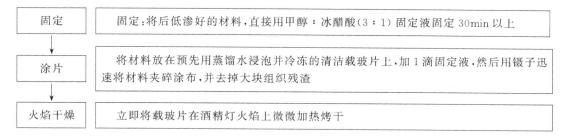

固定	固定:将后低渗好的材料,直接用甲醇:冰醋酸(3:1)固定液固定30min以上
涂片	将材料放在预先用蒸馏水浸泡并冷冻的清洁载玻片上,加1滴固定液,然后用镊子迅速将材料夹碎涂布,并去掉大块组织残渣
火焰干燥	立即将载玻片在酒精灯火焰上微微加热烤干

2. 悬液法

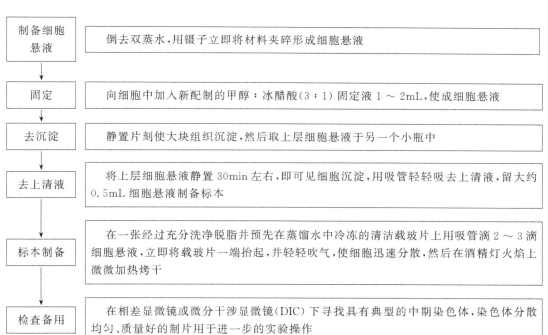

制备细胞悬液	倒去双蒸水,用镊子立即将材料夹碎形成细胞悬液
固定	向细胞中加入新配制的甲醇:冰醋酸(3:1)固定液1～2mL,使成细胞悬液
去沉淀	静置片刻使大块组织沉淀,然后取上层细胞悬液于另一个小瓶中
去上清液	将上层细胞悬液静置30min左右,即可见细胞沉淀,用吸管轻轻吸去上清液,留大约0.5mL细胞悬液制备标本
标本制备	在一张经过充分洗净脱脂并预先在蒸馏水中冷冻的清洁载玻片上用吸管滴2～3滴细胞悬液,立即将载玻片一端抬起,并轻轻吹气,使细胞迅速分散,然后在酒精灯火焰上微微加热烤干
检查备用	在相差显微镜或微分干涉显微镜(DIC)下寻找具有典型的中期染色体,染色体分散均匀、质量好的制片用于进一步的实验操作

注意事项

1. 尽量切取粗壮、白嫩的根尖,分裂相细胞较多。

2. 酶解前充分洗涤根尖,除去固定液,以免影响酶解反应。

3. 涂片时一张玻片用1～2个大的根尖,或2～3个小的根尖,太多了细胞分散不好。

思考题

1. 涂片时为什么要加入 1～2 滴固定液？
2. 制片时在酒精灯上烘烤起到什么作用？

参考文献

[1] Kurata N, Omura T. Karyotype analysis in rice. I. A new method for identifying all chromosome pairs. Jpn J Genet, 1978, 53: 251-255.

[2] Chen R Y, Song W Q, Li X L. A new method of preparing mitotic chromosomes from plants. Acta Botanica Sinica, 1979, 21: 297-298.

[3] Chen R Y, Song W Q, Li X L. Wall degradation hypotonic method of preparing chromosome samples in plants and its significance in the cytogenetics. Acta Genetica Sinica, 1982, 9: 151-159.

[4] Ren N, Song Y C, Bi X Z, Ding Y, Liu L H. The physical location of genes cdc2 and prh1 in Maize (Zea mays L.). Hereditas, 1997, 126: 211-217.

【实验二十七】荧光原位杂交和杂交信号检测

实验目的

1. 了解 DNA 探针的应用。
2. 掌握运用荧光染料对染色体彩涂方法。
3. 掌握荧光显微镜的原理和操作运用。

课前预习

1. *E. coli* DNA 聚合酶 I 有哪些酶活性？
2. 什么是 DNA 分子链的变性和复性？
3. 荧光物质发光有何特性？

实验原理

荧光原位杂交（fluorescence in situ hybridization，FISH）是一门新兴的分子细胞遗传学技术，是在原有放射性原位杂交技术基础上发展起来的一种非放射性原位杂交技术。目前这项技术已经广泛应用于动植物基因组结构研究、染色体精细结构变异分析和基因组进化研究等许多领域。FISH 技术的基本原理是用变性后已知序列的标记单链核酸为探针，按照碱基互补的原则，与待检材料中变性后未知的单链核酸进行特异性结合，形成可被检测的杂交双链核酸。由于 DNA 分子在染色体上是沿着染色体纵轴呈线性排列，因而可以将与探针互补的特定序列定位在染色体上。与传统的放射性标记原位杂交相比，非放射性原位杂交具有快速、检测信号强、杂交特性高和可以多重染色等特点，因此在分子细胞遗传学领域受到普遍关注。

探针标记是把 DNA 合成所必需的某种 dNTP 带上生物素等基团，在 DNA 合成的过程中标记的 dNTP 进入新合成的 DNA 分子中，得到带有标记物的 DNA 分子探针。在探针和染色体制片共变性后的复性过程中，探针与染色体上同源序列结合，然后对生物素等标记物进行信号检测，就可以得知探针 DNA 在染色体上的定位和分布情况（图 27-1）。双链 DNA 探针的合成方法主要有两种：切口平移法和随机引物合成法。

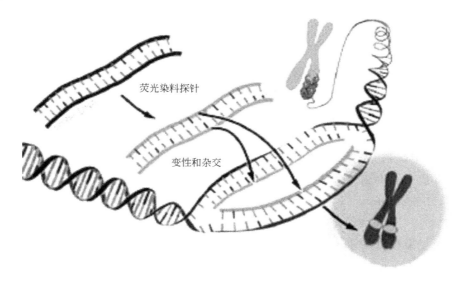

图 27-1 探针标记原理与荧光杂交信号检测原理（见彩插）

DNA 的切口平移法是一种快速、简便、成本相对较低以及生产高比活性均一标记 DNA 的方法。在反应体系中加入少量的 DNaseⅠ酶，可以将长链 DNA 进行切割，产生合适的 DNA 片段和切口。当双链 DNA 分子的一条链上产生切口时，E. coli DNA 聚合酶Ⅰ就可将核苷酸连接到切口的 3′羟基末端。同时该酶具有从 5′→3′的核酸外切酶活性，能从切口的 5′端除去核苷酸。由于在切去核苷酸的同时又在切口的 3′端补上核苷酸，从而使切口沿着 DNA 链移动，用生物素标记的核苷酸代替原先的核苷酸，将生物素掺入到合成新链中。最合适的切口平移片段一般为 50～500 个核苷酸。

生物素标记的核苷酸是最广泛使用的一种，如生物素-11-dUTP，可用切口平移或末端加尾标记法。生物素可共价连接在嘧啶环的 5 位上，合成 TTP 或 UTP 的类似物。在离体条件下，这种生物素化 dUTP 可作为大肠杆菌多聚酶Ⅰ（DNA 酶Ⅰ）的底物掺入带有切口的 DNA 或 RNA，得到生物素标记的核酸探针。

探针的检测：生物素标记的 dUTP（biotin-dUTP）掺入到核酸探针中，探针与目标染色体杂交之后用偶联荧光素的抗生物素的抗体进行反应，利用荧光素的发光特性可以检测核酸探针的位置和量的多少。如果是用生物素化的抗体进行检测，还可以利用级联反应将荧光信号进行放大，从而可以增强检出率。本实验所用的显色系统是以生物素-dUTP 标记核酸探针，然后利用带有荧光激发基团生物素抗体-Cy3-链亲和素（avidin）、生物素化的链亲和素进行放大检测。由于各种探针在荧光显微镜下呈现不同彩色，所以这种方法又称染色体彩涂方法。

荧光显微镜是利用一个高发光效率的点光源，经过滤色系统发出一定波长的光（如紫外光 365nm 或紫蓝光 420nm）作为激发光，激发标本内的荧光物质发射出各种不同颜色的荧光后，再通过物镜和目镜的放大，进行观察。这样在强烈的衬托背景下，即使荧光很微弱也易辨认，敏感性高，主要用于细胞、染色体等结构的研究。荧光显微镜的基本构造是普通光学显微镜加上一些附件（如荧光光源、激发滤片、双色束分离器和阻断滤片等）。荧光光源多采用200W的超高压汞灯作光源，它发射很强的紫外和蓝紫光，足以激发各类荧光物质，因此，荧光显微镜普遍用来检测各种荧光信号。

实验材料、用品

1. 材料：标记DNA探针的模板DNA、水稻中期染色体。

2. 用具：高速台式离心机、15℃恒温箱、65℃恒温水浴锅、培养箱、染色缸、荧光显微镜、盖玻片、封口膜、200μL移液器、20μL移液器、暗盒、旋涡振荡仪、EP管等。

3. 试剂：甲酰胺；50%硫酸葡聚糖；10% SDS；10×PBS；ssDNA（10mg/mL）；1%BSA-1×PBS；Cy3-链亲和素（avidin）；生物素化的链亲和素；三种dNTPs（dATP、dGTP、dCTP各0.5mmol/L）混合液；生物素-11-dUTP（0.5mmol/L）；DNA聚合酶Ⅰ（10U/μL，含10×缓冲液）；DNase Ⅰ（按6～10mU/μL配制分装）；EDTA（0.5mol/L）；DAPI荧光染料（用1%BSA-1×PBS 0.7mL＋抗猝灭剂0.3mL配制）；抗猝灭剂；无荧光镜油。

实验步骤

一、切口平移法标记探针

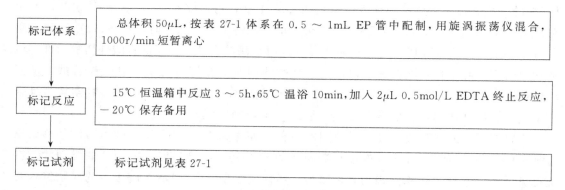

| 标记体系 | 总体积50μL，按表27-1体系在0.5～1mL EP管中配制，用旋涡振荡仪混合，1000r/min短暂离心 |

| 标记反应 | 15℃恒温箱中反应3～5h，65℃温浴10min，加入2μL 0.5mol/L EDTA终止反应，−20℃保存备用 |

| 标记试剂 | 标记试剂见表27-1 |

表 27-1　切口平移法探针标记体系

序号	试剂名称	体积	说明
1	三种dNTPs	5μL	各0.5mmol/L
2	生物素-11-dUTP	5μL	0.5mmol/L
3	10×缓冲液	5μL	随DNA聚合酶Ⅰ购买
4	DNA聚合酶Ⅰ	1.5μL	10U/μL
5	DNase Ⅰ	8μL	6～10U/μL
6	模板DNA		总量为0.5～1μg
7	ddH₂O		总体积为50μL

二、标本处理及探针的制备与变性

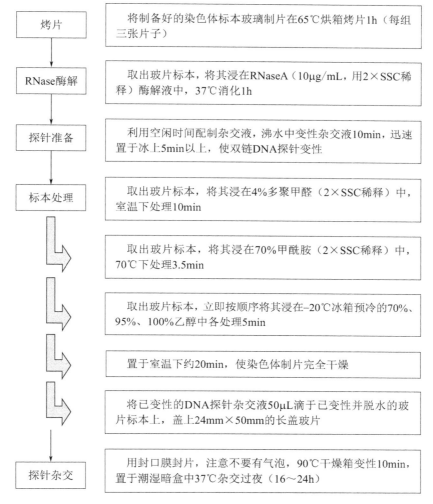

烤片	将制备好的染色体标本玻璃制片在65℃烘箱烤片1h（每组三张片子）
RNase酶解	取出玻片标本，将其浸在RNaseA（10μg/mL，用2×SSC稀释）酶解液中，37℃消化1h
探针准备	利用空闲时间配制杂交液，沸水中变性杂交液10min，迅速置于冰上5min以上，使双链DNA探针变性
标本处理	取出玻片标本，将其浸在4%多聚甲醛（2×SSC稀释）中，室温下处理10min
	取出玻片标本，将其浸在70%甲酰胺（2×SSC稀释）中，70℃下处理3.5min
	取出玻片标本，立即按顺序将其浸在-20℃冰箱预冷的70%、95%、100%乙醇中各处理5min
	置于室温下约20min，使染色体制片完全干燥
	将已变性的DNA探针杂交液50μL滴于已变性并脱水的玻片标本上，盖上24mm×50mm的长盖玻片
探针杂交	用封口膜封片，注意不要有气泡，90℃干燥箱变性10min，置于潮湿暗盒中37℃杂交过夜（16～24h）

FISH 杂交液配方见表 27-2。用灭菌水补足至 50μL/片。

FISH 杂交液的配制见附录 5。

表 27-2　FISH 杂交液配方　　　　　　　　　　单位：μL

项目 ＼ 玻片数	1	2	3	4	5	6	7	浓度/片
去离子甲酰胺	25	50	7	5	100	125	150	50%
50%硫酸葡聚糖	10	20	30	40	50	60	70	10%
20×SSC	5	10	15	20	25	30	35	2×SSC
10%SDS	2.5	5.0	7.5	10.0	12.5	15.0	17.5	0.5%
ssDNA(10mg/mL)	0.5	1.0	1.5	2.0	2.5	3.0	3.5	0.2%
标记的探针	1.5	3.0	4.5	6.0	7.5	9.0	10.5	100ng

三、洗脱（此步骤有助于除去非特异性结合的探针，从而降低本底）

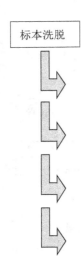

标本洗脱

杂交次日，将标本从37℃温箱中取出，于2×SSC（50mL）中洗去盖玻片，将其浸在20%的甲酰胺中，43℃，处理10min

取出玻片标本，将其浸在2×SSC中，43℃，处理10min

取出玻片标本，将其浸在0.1×SSC中，43℃，处理10min（2.5mL 2×SSC+47.5mL无菌水）

取出玻片标本，将其浸在0.1%TritonX-100中，室温处理10min（50μL TritonX-100+50mL 1×PSB）

取出玻片标本，将其浸在1×PSB中洗涤5min×2次，室温空气中稍稍沥水

四、信号检测（注意以下步骤不能让片子变干了）

抗体杂交　每张加50μL链亲和素-Cy3(0.4μL 1mg/mL链亲和素-Cy3用1‰ BSA-1×PBS稀释成50μL),37℃于保湿皿中温育50min

洗脱　取出玻片标本,将其浸在1×PBS中,室温下洗涤5min×3次,空气中稍稍沥水

信号放大　每张制片加50μL生物素化的链亲和素(0.4μL 1mg/mL生物素化的链亲和素用1‰BSA-1×PBS稀释成50μL),37℃于保湿皿中温育50min

洗脱　取出玻片标本,将其浸在1×PBS中,室温下洗涤5min×3次,空中稍稍沥水

信号放大　每张制片加50μL链亲和素-Cy3(0.4μL 1mg/mL链亲和素-Cy3用1‰BSA-1×PBS稀释成50μL),37℃于保湿皿中温育50min

洗脱　取出玻片标本,将其浸在1×PBS中,室温下洗涤5min×3次,空气中稍稍沥水

DAPI复染　加50μL DAPI,15min后可以镜检(3～20μg/mL DAPI＋300μL抗猝灭剂＋700μL 1×PBS)(图27-2)

油镜清洗　镜检后油镜用乙醚：乙醇＝7：3的溶液清洗

注意事项

1. 为了防止杂交液干燥，应在保湿盒中进行。

2. 用1×PBS洗涤时可以轻轻摇动，速度不能过快。

思考题

1. 通过实验总结原位杂交实验的技术关键。

2. 如何尽量减少背景信号的干扰?

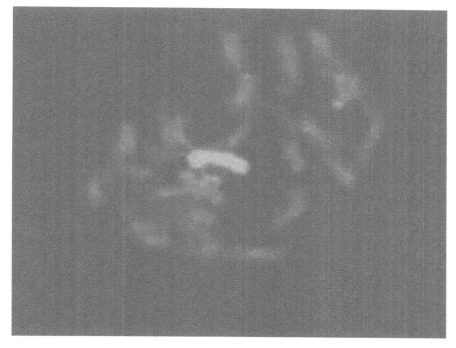

图 27-2　异源单体附加系 ［24 条水稻染色体（蓝色）］显示一条野生
稻染色体（红色荧光）(见彩插)

参考文献

［1］ Lan W Z，Qin R，Li G，He G C. Comparative analysis of A，B，C and D genomes in the genus Ory-za with C0t-1 DNA of C genome. Chin Sci Bull，2006，51（14）：1710-1720.

［2］ Qin R，Wei W H，Jin W W，He G C，Ning S B，Yu S W，Song Y C. Physical location of rice Gm-6，Pi-5（t）genes in O. officinalis with BAC-FISH. Chin Sci Bull，2001，46：2427-2430.

［3］ Jiang J M，Gill B S，Wang G L，Ronald P C，Ward D C. Metaphase and interphase fluorescence in situ hybridization mapping of the rice genome with bacterial artificial chromosome. Proc Natl Acad Sci USA，1995，92：4487-4491.

［4］ 蓝伟侦，柳哲胜，李刚，覃瑞. Bph15 在非洲栽培稻、药用野生稻和宽叶野生稻中的 BAC-FISH 比较物理定位. 作物学报，2007，33（04）：560-565.

【实验二十八】辣椒花药发育过程中 Ca^{2+} 分布对热胁迫响应的电镜观察

实验目的

1. 掌握电子显微镜的使用方法。

2. 观察在花药的发育过程中，细胞中的 Ca^{2+} 分布变化规律。

3. 观察热胁迫对花药发育过程中细胞中的 Ca^{2+} 分布的影响。

课前预习

1. Ca^{2+} 是一种什么类型的第二信使？其在细胞内的动态稳定跟哪些细胞器有关？
2. 透射电镜的切片制备有很高的要求，请简要回答超薄切片的制备过程。

实验原理

透射电镜，即透射电子显微镜（transmission electron microscope，TEM），通常称作电子显微镜或电镜（EM），是使用最为广泛的一类电镜。透射电镜是一种高分辨率、高放大倍数的显微镜，能提供极微材料的组织结构、晶体结构和化学成分等方面的信息。透射电镜的分辨率为 0.1～0.2nm，放大倍数为几万到几十万倍。由于电子易散射或被物体吸收，故穿透力低，必须制备很薄的超薄切片（通常为 50～100nm）。其制备过程与石蜡切片相似，但要求极严格。

透射电子显微镜由以下几大部分组成：照明系统、成像光学系统、记录系统、真空系统、电气系统。成像光学系统，又称镜筒，是透射电镜的主体。透射电镜的成像原理是由照明部分提供的有一定孔径角和强度的电子束平行地投影到样品上，通过样品和物镜的电子束在物镜后焦面上形成衍射振幅极大值，即第一幅衍射谱，这些衍射束在物镜的像平面上相互干涉形成第一幅反映试样为微区特征的电子图像。通过聚焦（调节物镜激磁电流），使物镜的像平面与中间镜的物平面相一致，中间镜的像平面与投影镜的物平面相一致，投影镜的像平面与荧光屏相一致，这样在荧光屏上就观察到一幅经物镜、中间镜和投影镜放大后有一定衬度和放大倍数的电子图像。由于试样各微区的厚度、原子序数、晶体结构或晶体取向不同，通过试样和物镜的电子束强度产生差异，因而在荧光屏上显现出由暗亮差别所反映出的试样微区特征的显微电子图像。

照明系统主要由电子枪和聚光镜组成（图 28-1）。电子枪是发射电子的照明光源。聚光镜是把电子枪发射出来的电子会聚而成的交叉点进一步会聚后照射到样品上。照明系统的作用就是提供一束亮度高、照明孔径角小、平行度好、束流稳定的照明源。

高温是影响植物生理过程的重要环境因素之一，在我国长江以南地区高温对蔬菜作物的胁迫尤为严重。严重的热胁迫会引起作物生理代谢紊乱和结构破坏以及细胞的死亡，但亚致死强度的热胁迫会诱导细胞产生热激反应，开始转录新的 mRNA，合成热激蛋白，从而在较大程度上保护细胞和植物体免遭更严重的热损伤，并使细胞结构和生理活动恢复正常，最终提高植物的耐热性。然而，热激信号被细胞感受、转导，进而激活热激蛋白基因表达的途径，目前仍不清楚。

近年来的研究表明，Ca^{2+} 参与多种逆境胁迫过程，如低温、盐胁迫、氧胁迫等。在热胁迫研究中，也初步发现了温度升高会引起培养的原生质体对 Ca^{2+} 吸收的变化，而施用外源 Ca^{2+} 能在一定程度上提高植物的耐热性。在本实验中，运用焦锑酸钾沉淀法结合电子显微镜观察小孢子发生和花粉发育过程中 Ca^{2+} 的分布特点，以及不同热胁迫时间对花粉发育过程中 Ca^{2+} 分布的影响，从而了解热胁迫对花粉发育过程的影响。

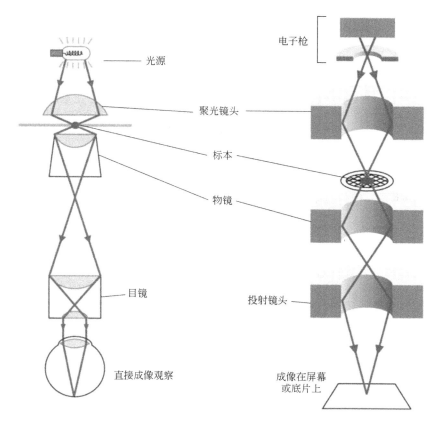

图 28-1　光学显微镜和电子显微镜的原理图
光学显微镜中的透镜是由玻璃制成，电子显微镜的透镜是
磁性线圈，电子显微镜需要将标本放在真空中

实验材料、用品

1. 试剂

（1）前固定液：5％焦锑酸钾溶液，0.2mol/L、pH7.8 磷酸盐缓冲液，25％戊二醛，10％多聚甲醛按体积比 4：3：1：2 依次混合，调 pH 至 7.8，临用前配制。

（2）洗涤液：5％焦锑酸钾溶液，0.6mol/L、pH7.8 磷酸盐缓冲液，重蒸水按体积比 4：3：3 依次混合，调 pH 至 7.8，临用前配制。

（3）后固定液：5％焦锑酸钾溶液，0.6mol/L、pH7.8 磷酸盐缓冲液，2％锇酸按体积比 4：1：5 依次混合，调 pH 至 7.8，临用前配制。

（4）其他试剂：0.1mol/L、pH7.8 磷酸盐缓冲液；0.1mol/L、pH8.0 的 EGTA；30％、50％、70％、85％、95％丙酮；无水丙酮；丙酮与 Spurr 树脂 2：1、1：1、1：2 的混合液；纯 Spurr 树脂。

2. 器材：橡皮平板模具；包埋板；超薄切片机（MT-X）；玻璃刀；覆有 Formvar 膜的 100 目铜网的水槽；醋酸双氧铀-柠檬酸铅双重染色；Hitachi-H-8100 型透射电镜；辣椒。

实验步骤

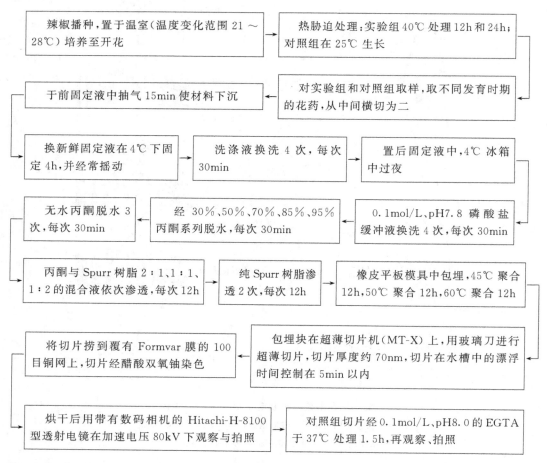

辣椒播种,置于温室(温度变化范围 21～28℃)培养至开花

热胁迫处理:实验组 40℃ 处理 12h 和 24h;对照组在 25℃ 生长

对实验组和对照组取样,取不同发育时期的花药,从中间横切为二

于前固定液中抽气 15min 使材料下沉

换新鲜固定液在 4℃ 下固定 4h,并经常摇动

洗涤液换洗 4 次,每次 30min

置后固定液中,4℃ 冰箱中过夜

无水丙酮脱水 3 次,每次 30min

经 30%、50%、70%、85%、95% 丙酮系列脱水,每次 30min

0.1mol/L,pH7.8 磷酸盐缓冲液换洗 4 次,每次 30min

丙酮与 Spurr 树脂 2∶1、1∶1、1∶2 的混合液依次渗透,每次 12h

纯 Spurr 树脂渗透 2 次,每次 12h

橡皮平板模具中包埋,45℃ 聚合 12h,50℃ 聚合 12h,60℃ 聚合 12h

将切片捞到覆有 Formvar 膜的 100 目铜网上,切片经醋酸双氧铀染色

包埋块在超薄切片机(MT-X)上,用玻璃刀进行超薄切片,切片厚度约 70nm,切片在水槽中的漂浮时间控制在 5min 以内

烘干后用带有数码相机的 Hitachi-H-8100 型透射电镜在加速电压 80kV 下观察与拍照

对照组切片经 0.1mol/L,pH8.0 的 EGTA 于 37℃ 处理 1.5h,再观察、拍照

实验结果

花粉发育过程可分为小孢子母细胞、四分体、小孢子和成熟花粉四个时期。

1. 热胁迫前后小孢子母细胞中 Ca^{2+} 的分布

小孢子母细胞内有许多小液泡,Ca^{2+} 沉淀颗粒主要分布在细胞表面,胞质中有少量分布,细胞核中基本上观察不到 Ca^{2+} 沉淀物 [图 28-2(a)]。

随着小孢子母细胞的发育,胞质内液泡变大。热胁迫处理 12h 后,Ca^{2+} 沉淀颗粒分布在细胞表面、液泡膜内侧,数量比同期对照多;细胞质和细胞核中 Ca^{2+} 沉淀颗粒明显增多 [图 28-2(b)]。

热胁迫处理 24h 后,胞质中有大量沉淀物,液泡膜内侧及液泡内部均可见大量 Ca^{2+} 沉淀颗粒 [图 28-2(c)]。

2. 热胁迫前后四分体时期 Ca^{2+} 的分布情况

四分体时期,四分小孢子表面 Ca^{2+} 沉淀颗粒增多,且沉淀颗粒体积变大;小孢子细胞质中 Ca^{2+} 沉淀物均匀分布,液泡表面有少量分布 [图 28-2(d)],

热胁迫处理 24h 后,与同期对照相比,四分小孢子中的 Ca^{2+} 沉淀颗粒明显增多,主要分布在胞质、核中［图 28-2(e)］。

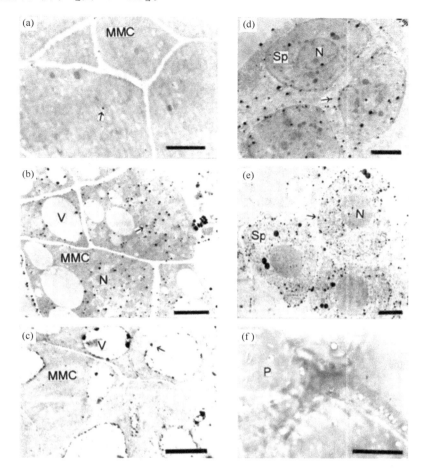

图 28-2　热胁迫前后小孢子母细胞和四分体时期细胞中 Ca^{2+} 分布的变化

(a) 小孢子母细胞时期，细胞表面有少量 Ca^{2+} 沉淀颗粒（Bar＝2μm）；

(b) 热胁迫 12h 后，小孢子母细胞细胞质和细胞核中的 Ca^{2+} 沉淀颗粒增多（Bar＝3μm）；

(c) 热胁迫 24h 后，小孢子母细胞细胞质、液泡和液泡膜上有大量 Ca^{2+} 沉淀颗粒（Bar＝3μm）；

(d) 四分体时期，四分小孢子表面和细胞质中均匀分布有 Ca^{2+} 沉淀颗粒（Bar＝3μm）；

(e) 热胁迫 24h 后，四分小孢子细胞质和细胞核中的 Ca^{2+} 沉淀颗粒增多（Bar＝4μm）；

(f) 对照组，切片经 EGTA 处理，示螯合 Ca^{2+} 后的空洞（Bar＝2μm）

3. 热胁迫前后小孢子中 Ca^{2+} 沉淀物的分布情况

小孢子时期，早期花粉细胞中胞质浓厚，体积较大的沉淀颗粒沿花粉表面分布，在相邻的花粉外壁间隙能明显观察到这一分布趋势；晚期接近成熟时，细胞中有一个大液泡，细胞核靠边，除细胞壁上有一层不连续的 Ca^{2+} 沉淀颗粒分布外，细胞质和细胞核中只有少量 Ca^{2+} 沉淀物，细胞膜内侧、液泡膜上均有大量的 Ca^{2+} 沉淀物［图 28-3(a)］。

热胁迫处理 12h 后，Ca^{2+} 沉淀颗粒除在花粉外壁上有少量分布外，主要分布在细胞膜上，细胞质和靠边的细胞核中也有少量分布。与对照相比，此时液泡膜上几乎不见 Ca^{2+} 沉淀物［图 28-3(b)］。

热胁迫处理 24h 后，花粉外壁上的 Ca^{2+} 沉淀颗粒不仅多，而且连成连续的一条带，质膜外侧、细胞质、细胞核中均有大量分布，尤其在细胞核中，Ca^{2+} 沉淀物体积较大 [图 28-3(c)]。

4. 热胁迫前后成熟花粉中 Ca^{2+} 的分布情况

成熟花粉中储藏了大量的淀粉粒和脂滴，其 Ca^{2+} 的分布具有以下特点：细胞质中只有零星的 Ca^{2+} 沉淀物，花粉外壁上有一层 Ca^{2+} 沉淀颗粒覆盖，而细胞膜上几乎无 Ca^{2+} 沉淀物 [图 28-3(d)]。

热胁迫处理 12h 后，成熟花粉中 Ca^{2+} 沉淀颗粒的分布情况与对照差不多 [图 28-3(e)]。

热胁迫处理 24h 后，花粉中 Ca^{2+} 的分布与对照、处理 12h 后情况类似 [图 28-3(f)]。

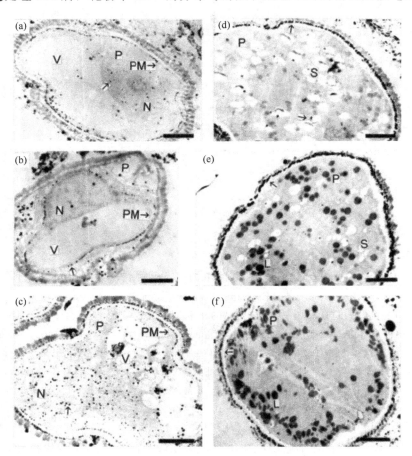

图 28-3　热胁迫前后小孢子和成熟花粉时期细胞中 Ca^{2+} 分布的变化

(a) 小孢子时期，Ca^{2+} 沉淀颗粒主要分布在细胞质膜和液泡膜上（Bar=3μm）；(b) 热胁迫处理 12h 后，
小孢子中许多的 Ca^{2+} 沉淀颗粒分布在质膜上，仅少量分布在细胞质和靠边的细胞核中（Bar=3μm）；
(c) 热胁迫处理 24h 后，小孢子中大量的 Ca^{2+} 沉淀颗粒分布在细胞质、细胞核、液泡和质膜上（Bar=3μm）；
(d) 成熟花粉中，Ca^{2+} 沉淀颗粒主要分布在花粉壁上，细胞质和细胞膜上很少（Bar=3μm）；
(e) 热胁迫 12h 后，成熟花粉中 Ca^{2+} 的分布情况，与未处理前情况差不多（Bar=3μm）；
(f) 热胁迫 24h 后，成熟花粉中 Ca^{2+} 的分布情况，也与未处理前情况差不多（Bar=3μm）

缩写词

MMC：小孢子母细胞；N：细胞核；P：花粉；PM：细胞质膜；S：淀粉粒；Sp：小孢子；L：脂滴；V：液泡；→示 Ca^{2+} 沉淀颗粒。

实验报告

试绘制热胁迫前后花药发育过程的四个阶段中 Ca^{2+} 分布图。

注意事项

1. 后固定液中的锇酸有剧毒，操作时需在通风橱中进行。

2. 进行 Spurr 树脂包埋时，需要用抽湿机控制空气湿度，30%左右的空气湿度有利于包埋块的硬化，有利于后续的切片制备。

思考题

1. 在花药的发育过程中，细胞中的 Ca^{2+} 分布有怎样的变化规律？

2. 进行热胁迫处理后，对花药发育过程细胞中 Ca^{2+} 分布有怎样的影响？

参考文献

[1] Yan C L，Wang J B，Li R Q. Effect of heat stress on calcium ultrastructual distribution in pepper anther. Environmental and Experimental Botany，2002，48：161-168.

[2] Alberts B，Johnson A，Lewis J，et al. Molecular Biology of the Cell. 5th ed. New York：Garland Publishing，Inc，2007：604-605.

【实验二十九】细胞核倍性水平的流式细胞术检测

实验目的

了解流式细胞术的一般原理和方法，并熟悉用流式细胞仪检测植物核倍性水平。

课前预习

1. 流式细胞仪的操作原理和使用方法。

2. 什么是倍性水平？什么是 C 值？

3. 如何针对不同组织材料选择不同的细胞核解离液？

4. 碎片产生的原因和解决方法有哪些？

实验原理

流式细胞术（flow cytometry，FCM）是应用流式细胞仪（图 29-1）进行分析、分选的技术，可以对处于液流中的各种荧光标记的微粒进行多参数快速准确的定性、定量测定。在生物科学研究中，可以使用流式细胞术测定细胞周期、DNA 含量，检测细胞凋亡，进行倍性、染色体核型和流式分子表型分析等。植物学研究中，流式细胞术主要用于检测植物细胞核 DNA 含量及其倍性水平。在医学研究及临床实践应用中，流式细胞术用于肿瘤诊断和分型、血液病的诊断和治疗及免疫相关疾病分析等方面。

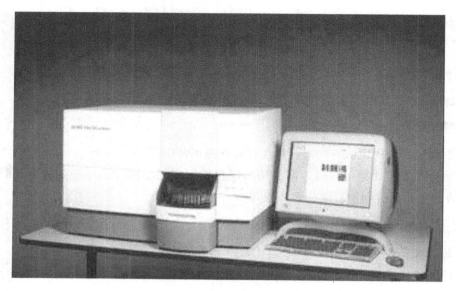

图 29-1　流式细胞仪

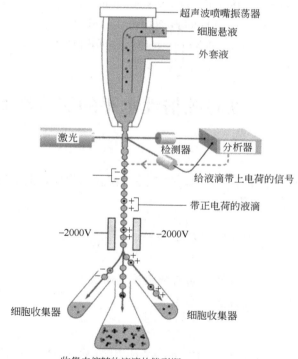

图 29-2　流式细胞仪工作原理图

　　经荧光素染色的细胞核，在一定压力下逐个通过喷嘴，进入流式照射室（图 29-2）。经过激光照射，细胞核发射出散射光。散射光分前向散射光（forward scatter，FSC）和侧向散射光（side scatter，SSC）。前向散射光反映粒子的大小或体积，侧向散射光反映粒子的表面粗糙度和内部颗粒度。同时，细胞核所带的荧光素被激发，发射出荧光，根据荧光的发射波长，选择相应的荧光通道（FL1 525nm、FL2 575nm、FL3 620nm、FL4 660nm）进行检测。最后，光信号再转化成电信号，经数据处理输入电脑，呈现出点图和峰图两种流式图谱，峰图纵坐标为粒子数，横坐标为荧光强度。峰图中通常会同时出现样本峰和碎片峰。一般只有左右对称的峰为样本峰，单坡峰则是碎片峰。流式细胞术就是分子水平上的间接鉴定。由于细胞核 G_1 期的 DNA 含量反映此细胞的倍性，因此，运用流式细胞仪测定的植物核 DNA 含量可以间接获取细胞的倍性。一般采用下面的计算方法获得待测样本的倍性水平：

待测样本倍性水平＝参照样本倍性水平×（参照样本 G_1/G_0 峰荧光均值）/（待测样本 G_1/G_0 峰荧光均值）

注： G_1/G_0 峰荧光均值为变异系数 $V\%$ 。

实验材料、用品

1. 器材：流式细胞仪（BD FACSCalibur）；天平；培养皿；2mL 离心管；移液器（200μL）；枪头（200μL）；尼龙膜（60μm）。

2. 材料：动物或植物组织。

3. 试剂：细胞核解离液 LB01；PI 溶液（1mg/mL）；RNase 溶液（1mg/mL）。

解离液 LB01 配制方法：15mmol/L Tris（363.4mg）、2mmol/L EDTA-Na$_2$（148.9mg）、0.5mmol/L 四盐酸精胺（34.8mg）、80mmol/L KCl（1.193g）、20mmol/L NaCl（233.8mg）、0.1%（体积分数）Triton X-100（200μL）、15mmol/L β-巯基乙醇，调节体积到 200mL，用 1mol/L HCl 调 pH7.5，用 0.22μm 滤膜过滤，储存于 -20℃。

实验步骤

本实验步骤参考 1983 年 Galbraith 的实验，具体实验如下：

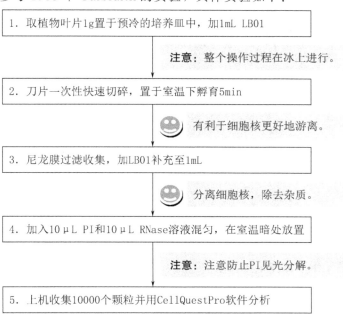

实验结果

经流式细胞术分析，以二倍体秀水 63 对照，分别在水稻群体中鉴定出单倍体（1×）、三倍体（3×）、四倍体（4×）。图 29-3 为不同倍性植株叶片细胞的倍性鉴定结果，其中纵坐标轴值代表测定细胞核数，横坐标轴值代表荧光的通道值，即细胞核相对 DNA 含量。结果表明，作为对照二倍体秀水 63 的峰值位于 100 [图 29-3（a）]，基于对照峰值的位置可以确定测试样品的倍性；图 29-3（b）的峰值位于 50 左右，定为单倍体；图 29-3（c）中的峰值位于 150 左右，定为三倍体；图 29-3（d）的峰值位于 200 左右，定为四倍体。其中，可以看到在图 29-3（b）主峰左侧有一单坡峰，即为碎片峰。

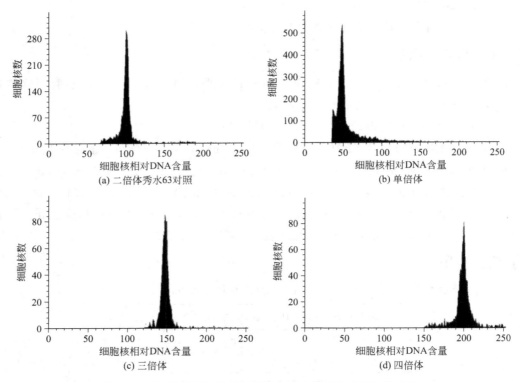

图 29-3　荧光素标记的水稻叶片细胞核倍性流式细胞仪分析

实验报告

1. 检测水稻不同组织细胞的倍性水平。
2. 检测不同禾本科植物叶片的倍性水平。

注意事项

1. 实验材料的选择

以选取新鲜幼嫩的植物叶片为实验材料最佳。为避免材料受到高温的影响，采摘后应立即用湿滤纸包裹置于冰盒中。

2. 解离液的选择

通过物理方法即切碎叶片往往不能获取大量完整的细胞核，还需加入特定的解离液解离出细胞核。同时解离液还可防止细胞核间相互粘连，消除次生代谢物带来的消极影响，并维持一定的渗透压，保证核的完整性。由于不同植物和不同部位组织细胞结构的差异，其适合的解离液也是不同的，因此，需根据不同的组织细胞结构选用特定的解离液才能取得良好的实验效果，参见附录 15。

3. 参照样本选取

目标样本和参照样本混合后同时检测，称此时的参照样本为内标，而独立检测的参照样本为外标。选取的参照样本应满足以下三点：①参照样本 DNA 含量已知且稳定，同目标样本 DNA 含量相近，这是非常重要的，因为这样可以减少零位偏移；②参照样本和目标样本的染色体结构应相似；③标准样本峰不能同目标样本峰重叠，最好也不同目标样本的 G_2 期峰值重叠。常规的倍性分析，用外标；更精确的倍性分析则采用内标，如检测异倍体。常用参照样本的倍性和核 DNA 含量见表 29-1。

表 29-1　常用参照样本

目标样本	参照样本	参照样本倍性	参照样本核 DNA 含量
裸子植物	玉米	$2n$	10.93pg
	大麦	$2n$	11.12pg
	小麦	$2n$	34.85pg
	洋葱	$4n$	67.00pg
被子植物	番茄	$2n$	2.00pg
	绿豆	$4n$	2.12pg
	欧洲千里光	$4n$	6.33pg
	豌豆	$4n$	19.46pg

4. 荧光探针选用

流式细胞仪借助于激光激发的荧光强度，可进行多参数分析。上样之前，应对样本染上相应的荧光素，即用荧光探针标记。检测植物的荧光探针分两种，即特异性标记荧光探针和非特异性标记荧光探针。特异性标记 DNA 的荧光探针有 HO33342（可染活细胞）、HO33258 和 DAPI。这些探针由紫外光激发，非嵌入式染色，主要结合在 DNA 的 A-T 碱基区。因此该类染料不适于测基因组绝对值，因为如果 DNA 有很多 G-C 碱基，会引起测量值偏小。此类探针产生的荧光强度间接反映出的 DNA 含量比实际 DNA 含量少，但是可以获得高分辨率的柱状图，推荐用于倍性水平检验。非特异性标记荧光探针包括碘化丙啶（PI）、溴化乙锭（EB）和吖啶橙（AO），均由 488nm 激光激发，为嵌入式染色。在检测核 DNA 含量前，需先降解 RNA，排除双链 RNA 的干扰。PI 常用于检测植物细胞核 DNA 含量，该荧光探针既能染活细胞的核 DNA，又能染死细胞的核 RNA，因此 PI 染液中应加入适量 RNA 酶，酶解细胞核 RNA。

5. 碎片产生的原因及解决方法

在植物流式实验中出现细胞碎片是很常见的。但是，太多的碎片不仅会影响样本细胞核的成峰效果，而且有时会导致实验失败。产生碎片有三大原因。第一，植物细胞自身的结构。植物细胞的细胞壁不仅使细胞形状不规则，而且自身还有荧光性，这样就扰乱了进样液流,不能很好地检测分离出来的植物细胞。若直接对植物原生质体染色,得出的荧光峰图也不能说明核 DNA 含量。因为植物的细胞质具有荧光性,同时质膜具有低渗透性。因此,需要用刀片将组织切碎,释放出细胞核,这是导致碎片形成的直接原因。第二,解离液与待测植物样本不匹配。解离液的作用是从细胞中游离出细胞核,并保持它的完整性。但是不同的解离液,其成分也不同,当不匹配待测植物时,不仅不能保持细胞核完整,而且还会加速细胞核破碎。第三,材料不够新鲜。

思考题

1. 流式细胞仪的操作原理是什么?操作过程中应注意什么?
2. 操作过程中碎片产生的原因以及解决方法有哪些?

参考文献

[1] Loureiro J,Rodriguez E,Dolezel J,Santos C. Two new nuclear isolationbuffers for plant DNA flow cytometry:A Test with 37 Species. Annals of Botany,2007,100(4):875-888.

[2] 田新民,周香艳,弓娜. 流式细胞术在植物学研究中的应用——检测植物核 DNA 含量和倍性水平. 中国农学通报,2011,27(9):21-27.

[3] 金亮,薛庆中,肖建富,张宪银. 不同倍性水稻植株茎解剖结构比较研究. 浙江大学学报,2009,35(5):489-496.

[4] Alberts B,Johnson A,Lewis J,et al. Molecular Biology of the Cell. 5th ed. New York:Garland Publishing Inc,2007:501-503.

【实验三十】7500 荧光 PCR 仪的使用方法

实验目的

熟练掌握荧光定量 PCR 仪的操作。

课前预习

1. 什么是聚合酶链反应(PCR)?
2. 为什么要对基因的表达进行相对定量的分析?

实验原理

荧光定量 PCR 最早称 TaqMan PCR,后来也叫 Real-Time PCR,是美国 PE(Perkin Elmer)公司于 1995 年研制出来的一种新的核酸定量技术。该技术是在常规 PCR 基础上加入荧光标记探针或相应的荧光染料来实现其定量功能的。随着 PCR 反应的进行,PCR 反应产物不断累计,荧光信号强度也等比例增加。每经过一个循环,收集一个荧光强度信号,这样就可以通过荧光强度变化监测产物量的变化,从而得到一条荧光扩增曲线图。荧光定量检测根据所使用的标记物不同可分为荧光探针和荧光染料。荧光染料的优点:实验设计简单,仅需要 2 个引物,不需要设计探针,无需设计多个探针即可以快速检验多个基因，且能够进行熔点曲线分析，检验扩增反应的特异性，初始成本低，通用性好，因此国内外在科研中使用比较普遍。荧光染料中最常用的是 SYBR Green Ⅰ，能与双链 DNA 非特异性结合。在游离状态下，SYBR Green Ⅰ发出微弱的荧光，一旦与双链 DNA 结合，其荧光增加 1000 倍。所以，一个反应发出的全部荧光信号与双链 DNA 量呈比例，且会随扩增产物的增加而增加。

荧光定量方法分为绝对定量和相对定量。绝对定量检测起始模板数的精确拷贝数，方法有标准曲线法。相对定量是确定经过不同处理的样本之间基因的表达差异，有双标准曲线法、$2^{-\triangle Ct}$法、$2^{-\triangle\triangle Ct}$法。本实验采用$2^{-\triangle\triangle Ct}$法。

实验材料、用品

ABI-7500 FAST，FastStart Universal SYBR Green Master，0.1mL 平盖八连管、枪头。

实验步骤

1. 双击 Advanced Setup（图 30-1）。

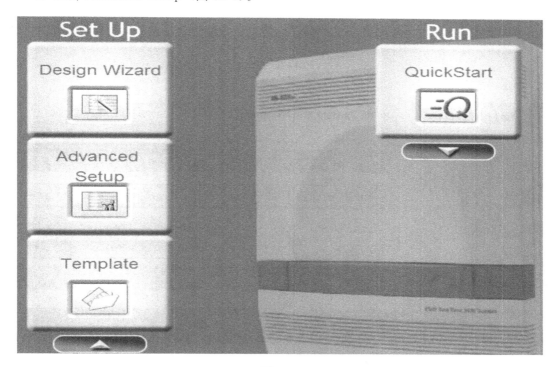

图 30-1

2. 点击 Experiment properties 依次设置实验名称、使用仪器型号、实验方法、使用荧光染料、反应时间（图 30-2）。

3. 点击 Plate Setup 设置基因 Target，样品 Sample（图 30-3）。

4. 点击 Assign targets and Samples 进行版面设置（图 30-4）。

5. 在页面左下角设置参照样品、内参基因、参比荧光（图 30-5）。

6. 双击 Run Method 设置反应程序（图 30-6）。

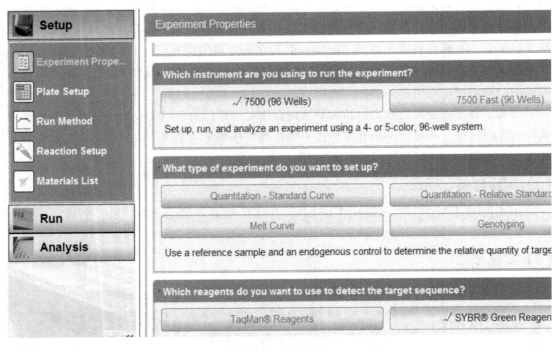

图 30-2

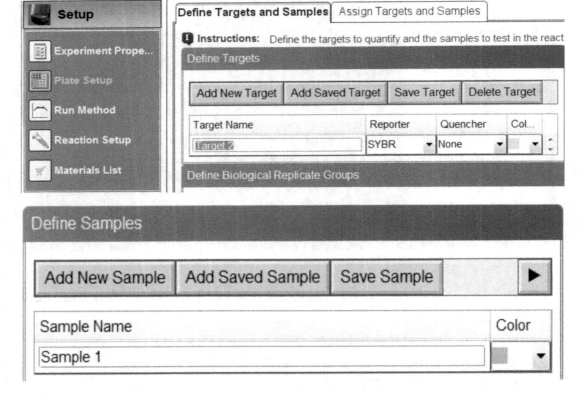

图 30-3

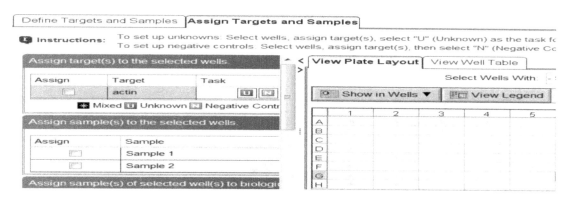

图 30-4

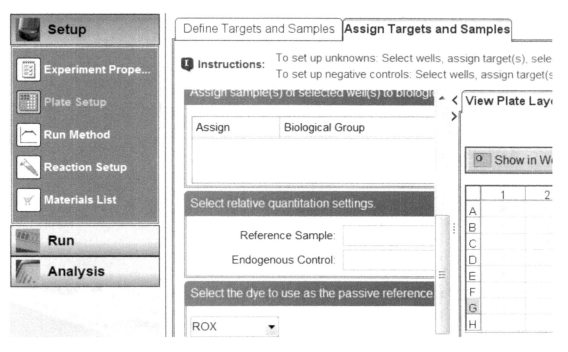

图 30-5

图 30-6

7. 依次设置反应体系总体积、循环数、反应程序（图 30-7）。

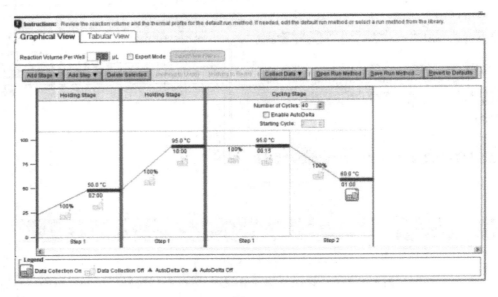

图 30-7

8. 设定好后点击 File 保存程序（图 30-8）。

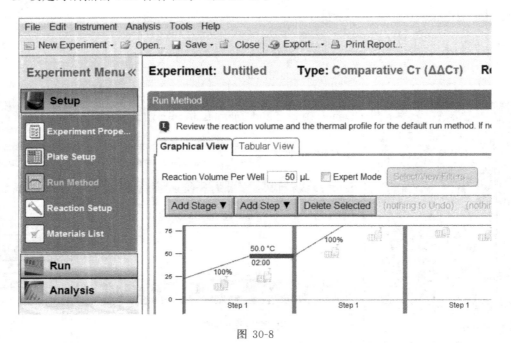

图 30-8

9. 配置反应体系。

10. 将八连管放入仪器，放置顺序要与设置顺序一致。

11. 打开保存的程序，点击 Run。

12. 点击 Start Run 开始运行程序（图 30-9）。

13. 运行结束后点击 Analysis，进入分析界面（图 30-10）。

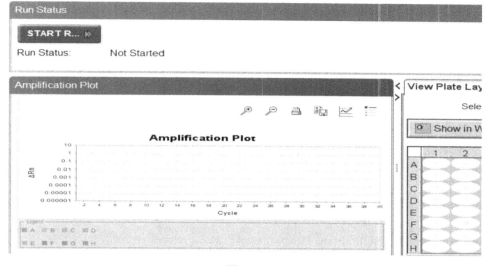

图 30-9

图 30-10

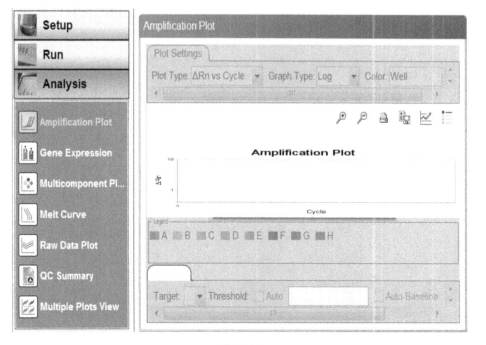

图 30-11

14. 依次选择 Amplification Plot、Gene Expression、Melt Curve 进行相应的分析（图 30-11）。

15. 保存数据和图像。

思考题

1. 使用 SYBR Green 时为什么要做溶解曲线分析？

2. 若溶解曲线不是单峰，可能是什么原因？

3. $2^{-\triangle\triangle Ct}$ 法需要内参基因吗，为什么？

参考文献

[1] Livak K J, Schmittgen T D. Analysis of relative gene expression data using real-time quantitative PCR and the $2^{-\triangle\triangle Ct}$ method. Methods, 2001, 25: 402-408.

[2] Yuan S J, Stewart C N. Real-time PCR statistics. PCR Encyclopedia, 2005, 1: 101127-101149.

附录

附录1　光学显微镜的合轴调节

　　光学系统在实验过程中应注意合轴调节。合轴调节又叫中心调节，也就是使目镜、物镜、聚光镜的主光轴和可变光阑的中心点重合在一条直线上。如果光轴不在一条直线上，会使相差增加，亮度降低，图像模糊。

　　合轴调节方法：将可变光阑孔开至最大，把低倍物镜转入光轴（可听到"咔嚓"声，即为转入光轴），使物镜和载物台间的距离约为5mm以下，不放标本，调节反射镜的角度，使视场最亮，然后拔掉目镜，直接从镜筒中观察，一边把可变光阑孔慢慢缩小并多次打开，当可变光阑孔关至最小时，光阑孔的像只有一亮点，这一亮点应正好落在物镜的通光孔的中心；当可变光阑孔开大到一定程度时，光阑孔的像应正好与物镜通光孔边缘的黑圈相重合，若符合上述两个条件，就说明它们合轴了。否则，需要做以下调整，由于目镜和物镜都是固定的，不能调节，主要调整聚光器的位置，有些显微镜的聚光器支架两旁有两个光轴校正螺丝，调整这两个螺丝，就能使它们合轴；有些显微镜聚光器是由框架上三个相隔120°角的螺丝固定的，其中一个装有弹簧可以伸缩，另外两个可以旋动，调整这三个螺丝就可以使聚光器在水平面上移动位置，从而达到合轴。显微镜的光轴合轴校正好后，如果没有卸载聚光器或其他特殊原因，不必经常校正。

附录2　光学显微镜的物镜分类

　　1. 复消色差物镜

　　这类物镜的结构复杂，透镜采用了特种玻璃或萤石等材料制作而成。它对两个色光实现了正弦条件，要求严格地校正轴上点的位置色差（红、蓝两色）、球差（红、蓝两色）和正弦差，同时要求校正二级光谱（再校正绿光的位置色差），其倍率色差并不能完全校正，一般须用目镜补偿。

　　由于对各种相差的校正极为完善，比响应倍率的消色差物镜有更大的数值孔径，这样不仅分辨率高，质量优，而且也有更高的有效放大率。因此，复消色差物镜的性能很高，适用于高级研究镜检和显微照相。

　　2. 消色差物镜

　　这是应用最广泛的一类显微物镜。它校正了轴上点的位置色差（红、蓝两色）、球差（黄绿光）和正弦差，保持了齐明条件。轴外点的像散不超过允许值（—4 属光度），二级光谱未校正。

数值孔径为 0.1～0.15 的低倍消色差物镜一般由两片透镜胶合在一起的双胶物镜构成。数值孔径至 0.2 的消色差物镜由两组双胶透镜构成。当数值孔径增大到 0.3 时，再加入一平凸透镜，该平凸透镜决定着物镜的焦距，而其他透镜则补偿由其平面与球面产生的相差。高倍物镜的平面相差可用浸法消除，高倍消色差物镜一般均为浸式，由四部分构成：前片透镜、新月形透镜及两个双胶透镜组。

3. 半-复消色差物镜

半-复消色差物镜又称氟石物镜，物镜的外壳上标有"FL"字样。在结构上透镜的数目比消色差物镜多，比复消色差物镜少；成像质量上，远较消色差物镜为好，接近于复消色差物镜。

4. 平场物镜

平场物镜是在物镜的透镜系统中增加一块半月形的厚透镜，以达到校正场曲的缺陷，提高视场边缘成像质量的目的。平场物镜的视场平坦，更适用于镜检和显微照相。对于平视场消色差物镜，其倍率色差不大，不必用特殊目镜补偿。而平视场复消色差物镜，则必须用目镜来补偿它的倍率色差。

5. 单色物镜

这类物镜由石英、萤石或氟化锂制的一组单片透镜构成。只能在紫外线光谱区的个别区内使用（宽度不超过 20mm），可见光谱区不能采用单色物镜。这类物镜均制成反射式与折反射式系统。主要缺点是相当大一部分光束在中心被遮蔽（入瞳面积的 25%）。在新型折反射式系统中，由于采用半透明反射镜以及物镜的胶合结构，使这一缺点大为减轻，从而可以取消反射镜框的遮光。并且两同轴反射镜的残余相差是互相补偿的，同时用透镜组来增大数值孔径。若系统的校正满意，孔径达到 NA=1.4 时，中心遮蔽可不超过入瞳面积的 4%。

6. 特种物镜

所谓"特种物镜"是在上述物镜的基础上，专门为达到某些特定的观察效果而设计制造的。主要有以下几种。

（1）带校正环物镜

在物镜的中部装有环装的调节环，当转动调节环时，可调节物镜内透镜组之间的距离，从而校正由盖玻片厚度不标准引起的覆盖差。调节环上的刻度可从 0.11～0.23，在物镜的外壳上也标有此数字，表明可校正盖玻片从 0.11～0.23mm 厚度之间的误差。

（2）相衬物镜

这种物镜是用于相衬镜检术的专用物镜，其特点是在物镜的后焦平面处装有相板。

（3）带虹彩光阑的物镜

在物镜镜筒内的上部装有虹彩光阑，外方也有可以旋转的调节环，转动时可调节光阑孔径的大小。这种结构的物镜是高级的油浸物镜，它的作用是在暗视场镜检时，往往由于某些原因而使照明光线进入物镜，使视场背景不够黑暗，造成镜检质量的下降，这时调节光阑的大小，使背景变黑，被检物体更明亮，增强镜检效果。

（4）长工作距离物镜

这种物镜是倒置显微镜的专用物镜，它是为了满足组织培养、悬浮液等材料的镜检而设计的。

（5）无罩物镜

有些被检物体，如涂抹制片等，上面不能加用盖玻片，这样在镜检时应使用无罩物镜，否则图像质量将明显下降，特别是在高倍镜检时更为明显。这种物镜的外壳上常标刻NC，同时在盖玻片厚度的位置上没有 0.17 的字样，而标刻着"0"。

附录 3　光学显微镜有关术语

1. 分辨率

显微镜的分辨率是指能被显微镜清晰区分的两个物点的最小间距，又称"鉴别率"。其计算公式是 $\sigma = \lambda/\mathrm{NA}$，式中 σ 为最小分辨距离；λ 为光线的波长；NA 为物镜的数值孔径。可见物镜的分辨率是由物镜的 NA 值与照明光源的波长两个因素决定。

2. 放大率和有效放大率

经过物镜和目镜的两次放大，所以显微镜总的放大率是物镜放大率和目镜放大率的乘积。显微镜放大率的极限即有效放大率。物体最后被放大的倍数为目镜和物镜二者放大倍数的乘积。理论上显微镜的最大放大倍数可以达到 2000 多倍，但是目前不仅由于受分辨率的限制，并且还由于制造工艺水平的限制，最好的显微镜的最高有效放大倍数只能达到1000 倍左右。因此有时说一架显微镜可以放大 2000 倍，这只不过是能够"放大"而已，并不能说明它的清晰程度增大，也许只看见一个放大的模糊图像。

3. 数值孔径（NA）

数值孔径简写 NA，数值孔径是物镜和聚光镜的主要技术参数，是判断两者（尤其对物镜而言）性能高低的重要标志。其数值的大小，分别标刻在物镜和聚光镜的外壳上。它是物镜前透镜与被检物体之间介质的折射率（n）和孔径角（θ）半数的正弦之乘积。用公式表示如下：$\mathrm{NA} = n\sin(\theta/2)$。它与分辨率成正比，与放大率成正比，与焦深成反比，NA 值增大，视场宽度与工作距离都会相应地变小。

4. 焦深

焦深为焦点深度的简称，即在使用显微镜时，当焦点对准某一物体时，不仅位于该点平面上的各点都可以看清楚，而且在此平面的上下一定厚度内，也能看得清楚，这个清楚部分的厚度就是焦深。焦深大，可以看到被检物体的全层；而焦深小，则只能看到被检物体的一薄层。

5. 视场直径

所看到的明亮的圆形范围叫视场，它的大小是由目镜里的视场光阑决定的。视场直径也称视场宽度，是指在显微镜下看到的圆形视场内所能容纳被检物体的实际范围，视场直径愈大，愈便于观察。

视场直径＝目镜视场数/物镜倍率

6. 覆盖差

由于盖玻片的厚度不标准，光线从盖玻片进入空气产生折射后的光路发生了改变，从而产生了相差，这就是覆盖差。国际上规定，盖玻片的标准厚度为 0.17mm，许可范围在 0.16～0.18mm，在物镜的制造上已将此厚度范围的相差计算在内。物镜外壳上标的 0.17，即表明该物镜所要求的盖玻片的厚度。

7. 工作距离（WD）

工作距离也叫物距，即指物镜前透镜的表面到被检物体之间的距离。

显微镜放大的倍数由目镜、物镜和镜筒的长度所决定。镜筒长度一般为 160mm。常用的显微镜，物镜与目镜上都刻有放大倍数（一般物镜越长，目镜越短，放大倍数越高）。

附录 4　荧光显微镜标本制作及观察要求

1. 载玻片

载玻片厚度应在 0.8～1.2mm 之间，太厚的玻片，一方面光吸收多，另一方面不能使激发光在标本上聚集。载玻片必须光洁，厚度均匀，无明显自发荧光，有时需用石英玻璃载玻片。

2. 盖玻片

盖玻片厚度在 0.17mm 左右，光洁。为了加强激发光，也可用干涉盖玻片，这是一种特制的表面镀有若干层对不同波长的光起不同干涉作用的物质（如氟化镁）的盖玻片，它可以使荧光顺利通过，而反射激发光，这种反射的激发光可激发标本。

3. 标本

组织切片或其他标本不能太厚，应控制在 $10\mu m$ 左右为好，如太厚激发光大部分消耗在标本下部，而物镜直接观察到的上部不充分激发。另外，细胞重叠或杂质掩盖，影响判断。

采用石蜡制片时，必须彻底脱蜡，因为石蜡本身可发青色荧光，玻片最好用萤石制成。

4. 封裱剂

封裱剂常用甘油，必须无自发荧光，无色透明，荧光的亮度在 pH8.5～9.5 时较亮，不易很快褪去。所以，常用甘油和 0.5mol/L、pH9.0～9.5 的碳酸盐缓冲液的等量混合液作封裱剂。

5. 镜油

一般暗视野荧光显微镜和用油镜观察标本时，必须使用镜油，最好使用特制的无荧光镜油，也可用甘油代替，液体石蜡也可用，只是折射率较低，对图像质量略有影响。

附录 5　本教程涉及的主要常见试剂配制方法

注：试剂编写按照本教程实验的先后次序呈现，实验过程中注意查找。

实验二

MS 培养基

按照下列 5 种母液的浓度配比进行稀释。在溶液配制时，每加一种母液要摇匀稀释，以防止某些试剂浓度过高而发生反应生成沉淀。

母液 1（50×，200mL）：

| 无水硝酸铵 | 16.5g | 无水磷酸二氢钾 | 1.7g |
| 无水硝酸钾 | 19g | 七水硫酸镁 | 3.7g |

母液 2（50×，200mL）：

| 二水氯化钙 | 4.4g | 无水氯化钙 | 3.322g |

母液 3（100×，200mL）：

碘化钾	16.6mg	二水钼酸钠	5mg
硼酸	124mg	五水硫酸铜	0.5mg
一水硫酸锰	338mg	六水氯化钴	0.5mg
七水硫酸锌	172mg		

母液 4（100×，200mL）：

| 七水硫酸亚铁 | 0.566g | 二水乙二胺四乙酸二钠 | 0.746g |

母液 5（100×，100mL）：

| 甘氨酸 | 0.020g | 肌醇 | 1.000g |
| 维生素 B_1 | 0.001g | | |

碘化丙啶（10mg/mL）

碘化丙啶（PI）溶于 PBS（pH7.4）中，终浓度为 10mg/mL，用棕色瓶 4℃避光保存。

实验四

植物根透明溶液

水合三氯乙醛 8g＋6mL 去离子水＋2mL 甘油。

PBS 溶液（磷酸盐缓冲液）

一般选择 K_2HPO_4 和 KH_2PO_4 配制，因为钠盐溶解较慢。根据不同 pH 的溶液，称量不同质量的磷酸盐，也可以用 pH 计调溶液的 pH。PBS 一般用做支持电解质。

采用去离子水、KH_2PO_4 和 $Na_2HPO_4 \cdot 2H_2O$ 配制 PBS 溶液，按以下步骤进行。

（1）配制 1/15mol/L KH_2PO_4，即每升水中溶解 9.078g KH_2PO_4。

（2）配制 1/15mol/L $Na_2HPO_4 \cdot 2H_2O$，即每升水中溶解 11.876g $Na_2HPO_4 \cdot 2H_2O$。

（3）将 18.2%（体积分数）KH_2PO_4 溶液和 81.8% $Na_2HPO_4 \cdot 2H_2O$ 溶液混合。

最终测定 PBS 溶液的 pH 值约为 7.4。

固定液

用 PBS 配制 1% 甲醛，10% 二甲基亚砜（DMSO），0.06mol/L EGTA，pH7.2～7.5。

PBT 溶液

PBS＋0.1% Tween20。

I_2-KI

I_2 25g，KI 10g，C_2H_5OH 500mL，最后加水至 1000mL。

实验五

花粉萌发培养液

用双蒸水配成终浓度为 50μmol/L $CaCl_2$、100μmol/L KCl、1.6mmol/L H_3BO_4、50μmol/L MES、1% 蔗糖的花粉萌发培养液，调 pH5.8 后灭菌。

实验六

抗凝剂

柠檬酸钠 30g，柠檬酸 10g，葡萄糖 25g，加水至 1L。每 7mL 血液，加 1mL 抗凝剂。

鸡血细胞制备

从市场购买 2～3kg 的公鸡，采用割颈取血的方法，将鸡血滴入 10mL 抗凝剂中（用 500mL 烧杯盛装），边滴边晃动混匀；然后估计鸡血的量，按照 1∶8 的比例用生理盐水（0.9%或 0.17mol/L 氯化钠）进行稀释。

实验七

中性去污剂

0.1% Triton X-100（即 1g/L，也就是 1000mg/L，该溶液为母液，用时需要稀释到相应浓度）。

阳离子去污剂

0.1%十六烷基三甲基溴铵（CTAB）（即 1g/L，也就是 1000mg/L，该溶液为母液，用时需要稀释到相应浓度）。

阴离子去污剂

0.1%十二烷基硫酸钠（SDS）（即 1g/L，也就是 1000mg/L，该溶液为母液，用时需要稀释到相应浓度）。

不同浓度 Triton X-100

用生理盐水配制成 160mg/L、140mg/L、120mg/L、100mg/L、80mg/L、60mg/L。

实验八

磷酸盐缓冲液

NaCl 7.2g，Na_2HPO_4 1.48g，定容至 1L，pH7.2。

0.9%生理盐水

9g NaCl，加水溶解，定容到 1000mL。

实验九

Ringer 溶液

氯化钠 0.85g，氯化钾 0.25g，氯化钙 0.03g，蒸馏水 100mL。

1%，1/3000 中性红溶液

称取 0.5g 中性红溶于 50mL Ringer 溶液，稍加热（30～40℃），使之很快溶解，用滤纸过滤，装入棕色瓶于暗处保存，否则易氧化沉淀，失去染色能力。临用前，取已配制的 1%中性红溶液 1mL，加入 29mL Ringer 溶液混匀，装入棕色瓶备用。

1%，1/5000 詹纳斯绿 B 溶液

称取 50mg 詹纳斯绿 B 溶于 5mL Ringer 溶液中，稍微加热（30～40℃），使之溶解，用滤纸过滤后，即为 1%原液。取 1%原液 1mL 加入 49mL Ringer 溶液，即成 1/5000 工作液，装入瓶中备用。最好现用现配，以充分保持它的氧化能力。

实验十

叶绿体分离等渗溶液

0.35mol/L NaCl 或者 0.4mol/L 蔗糖溶液。

0.01%吖啶橙

称取 0.1g 吖啶橙，加蒸馏水 100mL 做母液，放冰箱备用，临用前取 1mL 母液加$\frac{1}{15}$ mol/L 磷酸盐缓冲液（pH4.8）9mL。

封裱剂

甘油和 0.5mol/L 碳酸盐缓冲液（pH9.0～9.5）等量混合。

实验十一

动物细胞核分离介质

0.25mol/L 蔗糖+0.01mol/L 三羟甲基氨基甲烷（Tris）-盐酸缓冲液（pH7.4）。

配方：0.1mol/L 三羟甲基氨基甲烷溶液 10mL，0.1mol/L 盐酸 8.4mL，加双蒸水到 100mL，再加蔗糖 8.55g 溶解备用。

植物细胞核分离介质

0.25mol/L 蔗糖，50mmol/L Tris-HCl 缓冲液（pH7.4），3mmol/L EDTA，0.75mg/mL BSA。

1%詹纳斯绿 B（Janus green B）染液

配方：称取 50mg 詹纳斯绿 B 溶于 5mL 生理盐水中（pH7.4），稍微加热使之溶解后，过滤，即为 1%原液。

姬姆萨染液（Giemsa）

配方：称取姬姆萨粉 0.5g，甘油 33mL，纯甲醇 33mL。先在姬姆萨粉中添加少量甘油，然后在研钵内研磨至无颗粒状，再将剩余甘油倒入混匀，56℃左右保温 2h 使其充分溶解，最后加甲醇混匀，成为姬姆萨原液，保存于棕色瓶。使用时吸出少量，用 0.2mol/L 磷酸盐缓冲液稀释 10～20 倍使用。

$\frac{1}{15}$mol/L 磷酸盐缓冲液（pH6.8）

配方：0.2mol/L 磷酸二氢钾（KH_2PO_4）50mL 和 0.2mol/L 磷酸氢二钠（Na_2HPO_4）50mL 混合。

卡诺（Carnoy）固定液

配方：无水乙醇∶冰醋酸∶氯仿=6∶1∶3（体积比）。

0.9%生理盐水

9g NaCl，加水溶解，定容到 1000mL。

实验十二

10%中性福尔马林（pH6.8～7.1）

甲醛	10mL	醋酸钠	2g
蒸馏水	90mL		

酸性磷酸酶作用液

蒸馏水	90mL	5%硝酸铅	2mL
0.2mol/L 醋酸缓冲液（pH4.6）	12mL	3.2% β-甘油磷酸钠	4mL

先将蒸馏水和醋酸缓冲液混合，然后分成大致相等的两份，一份中加硝酸铅溶液，另

一份加 β-甘油磷酸钠溶液，然后再将两者缓缓混合，边混边搅匀后若酸碱度值不到 pH5.0，可加少量醋酸调整。此作用液最好在临用前配制，不能储存。配好后的作用液透明，无絮状悬浮物和沉淀。

1%硫化铵溶液

硫化铵	1mL	蒸馏水	9mL

6%淀粉肉汤

牛肉膏	0.3g	氯化钠	0.5g
蛋白胨	1.0g	蒸馏水	100mL

9.9×10^4 Pa 高压灭菌 20min，再加入可溶性淀粉 6g，水温育，促使溶解后置冰箱备用。

实验十三

M 缓冲液（pH7.2）

50mmol/L 咪唑，50mmol/L 氯化钾，0.5mmol/L 氯化镁，1mmol/L 乙二醇（α-氨基乙基）醚四乙酸，0.1mmol/L 乙二胺四乙酸，1mmol/L 巯基乙醇，调至 pH7.2。

1% Triton X-100

用 M 缓冲液配制。

3%戊二醛

用磷酸盐缓冲液配制。

0.2%考马斯亮蓝 R250 染色液

称取考马斯亮蓝 R250 1g，溶于 250mL 无水乙醇中，加冰醋酸 35mL，再加蒸馏水至 500mL。

实验十五

卡诺固定液

配方：无水乙醇：冰醋酸：氯仿＝6：1：3（体积比）。

Schiff 试剂

先将 200mL 重蒸馏水煮沸，由火上取下，加入碱性品红 1g，充分搅拌，有助于溶解。待溶液冷到 50℃时，过滤到磨口棕色试剂瓶中。加入 1mol/L HCl 20mL，冷却到 25℃时加入 1g 偏亚硫酸钾（$K_2S_2O_5$）或偏亚硫酸钠（$Na_2S_2O_5$），充分振荡后盖紧瓶塞，放于暗处过夜。次日取出，呈淡黄色或近于无色，加中性活性炭一匙，约 0.5g，剧烈振荡 1min，仍在低温下静置过夜，然后用滤纸过滤后即得无色品红。无色品红配成后须塞紧瓶塞，也可密封瓶口，并包以黑纸，在 5℃以下冰箱内黑暗处可以保存半年。

亚硫酸水溶液（漂白液）

在 200mL 蒸馏水中，加入 10mL 1mol/L HCl 和 10mL 10% 偏亚硫酸氢钠（NaHSO₃）水溶液（或 1.0g 固体），摇匀，塞紧瓶塞。此液在使用前配制，否则会因 SO_2 的逸出而失效。

45%醋酸水溶液

45mL 冰醋酸加 55mL 水。

实验十六

250mg/mL 放线菌素 D

用双蒸水溶解至需要浓度。

0.01% 吖啶橙

称取 0.1g 吖啶橙，加蒸馏水 100mL 做母液，放冰箱备用，临用前取 1mL 母液加 $\frac{1}{15}$ mol/L 磷酸盐缓冲液（pH4.8）9mL。

封裱剂

甘油和 0.5mol/L 碳酸盐缓冲液（pH9.0～9.5）等量混合。

卡诺固定液

配方：无水乙醇：冰醋酸：氯仿＝6：1：3（体积比）。

0.9% 生理盐水

9g NaCl，加水溶解，定容到 1000mL。

0.25% 胰蛋白酶-0.02% EDTA 消化液

称取 0.25g 胰蛋白酶溶于 50mL PBS 缓冲液，过滤除菌，与 50mL 0.04% EDTA 溶液（0.02g EDTA 溶解于 50mL PBS 缓冲液，121℃灭菌 30min）混匀，分装，即为 0.25% 胰蛋白酶-0.02% EDTA 消化液，－20℃保存。

实验二十五

YM 培养基的配方（pH7.2～7.4）

酵母提取物	0.4g/L	$MgSO_4$	0.1g/L
甘露醇	10g/L	K_2HPO_4	0.5g/L
NaCl	0.1g/L	琼脂粉	15g/L

实验二十七

FISH 杂交液的配制

① 20×SSC：175.3g NaCl，882.g 柠檬酸钠，加水至 1000mL（用 10mol/L NaOH 调 pH 至 7.0）。

② 10% SDS：10g SDS 粉末溶于 80mL 左右的双蒸水中，65℃水浴中溶化，定容至 100mL，室温保存。

③ 体积分数 70% 甲酰胺/2×SSC：35mL 甲酰胺，5mL 20×SSC，10mL 水。

④ 体积分数 50% 甲酰胺/2×SSC：100mL 甲酰胺，20mL 20×SSC，80mL 水。

⑤ 体积分数 50% 硫酸葡聚糖（DS）：65℃水浴中溶化，4℃或－20℃保存。

⑥ ssDNA（10mg/mL）：1g 鲑鱼精 DNA，溶解于 100mL 灭菌水，超声波打断至 200bp 以下。

附录6　离心机的使用要点和注意事项

1. 插上电源，打开开关。

2. 设定时间、转速及温度（冷冻离心时需提前预冷）。

3. 将需要离心的样品配平，放在转头的对称位置上。

4. 合住盖子，启动离心机。

5. 离心完成后，离心机自动停止并"嘀嘀"鸣叫。

6. 打开盖子，取出样品。

7. 合住盖子，关闭电源。

附录7　722 分光光度计的使用要点

1. 插上电源，打开开关预热 20～30min。

2. 调节波长旋钮，使所需波长对准标线。

3. 调节 100%T 旋钮，使透射比为 70% 左右。

4. 待数字显示器实现数字稳定后，打开试样室盖调节 0%T 按钮，使数字显示为"000.00"。

5. 将盛有参比溶液和待测液的吸收池分别置于试样架的第一格和第二格内，盖上试样室盖，将参比溶液置于光路中，调节 100%T 旋钮使数字显示不到 100.0，再适当调节亮度。

6. 重复 3 和 4 操作，直到显示稳定。

7. 选择开关置于"A"挡，调节吸光度调零旋钮，使数字显示为".000"，将待测液置于光路中，显示此溶液的吸光度。

8. 测量完毕，打开试样室盖，取出吸收池，洗净擦干，然后关闭仪器电源，待仪器冷却后，盖上试样室盖，罩上仪器罩。

附录8　分光光度计基础知识

在分光光度计中，将不同波长的光连续照射到一定浓度的样品溶液时，便可得到不同波长相对应的吸收强度。如以波长（λ）为横坐标、吸收强度（A）为纵坐标，就可绘出该物质的吸收光谱曲线。利用该曲线进行物质定性、定量的分析方法，称为分光光度法，也称为吸收光谱法。用紫外光源测定无色物质的方法，称为紫外分光光度法；用可见光光源测定有色物质的方法，称为可见光光度法。它们与比色法一样，都以朗伯-比尔定律为基础。

溶液对光的吸收有两个基本法则：①透过溶液的光的吸收值同吸收溶质的分子数目（即溶质浓度 c）呈指数相关；②透过溶液的光的吸收值同透过吸收溶液的路径长度 l 呈指数相关。

这两条法则包括在朗伯-比尔关系式中。通常以入射光（I_0）和出射光（I）的光密度来表示：$\lg(I_0/I)=\varepsilon l c$，其中 ε 对于吸收物质及波长是一个常数，称为吸光系数或吸收系数，c 的单位为 mol/L 或 g/L，I 的单位为 mL。这一公式非常有用，因为大多数分光光度计设计为直接测量 $\lg(I_0/I)$ 的值（A）或吸光系数（E）。对于遵循朗伯-比尔关系的物质，A 与 c 呈线性关系。吸收值常用下标表示其波长，如 A_{550} 表示 550nm 处的吸收值。透过溶液的光的比例称为透光率（T），可由出射光和入射光的比值求得。

吸收值（A）由公式得出：$A = \lg(I_0/I)$

透光率（T）通常以百分数表示：$T = (I/I_0) \times 100\%$

附录9　离心机转数与离心力的列线图

在计算离心管上任何一点的相对离心力（RCF，以 g 表示）时，首先需量出离心机转轴中心与该点的距离，即该点的转动半径（以 r 表示，单位 cm）。然后用 1 把直尺，左侧对准已知的 r 值，右侧对准已知的 RPM 值，直尺与中间标尺的交叉点即为相应的 RCF值。注意：若已知的转数值处于 RPM 标尺的右侧，则应读取 RCF 标尺上右侧的数值；若处于 RPM 标尺的左侧，则应读取 RCF 标尺上左侧的数值。

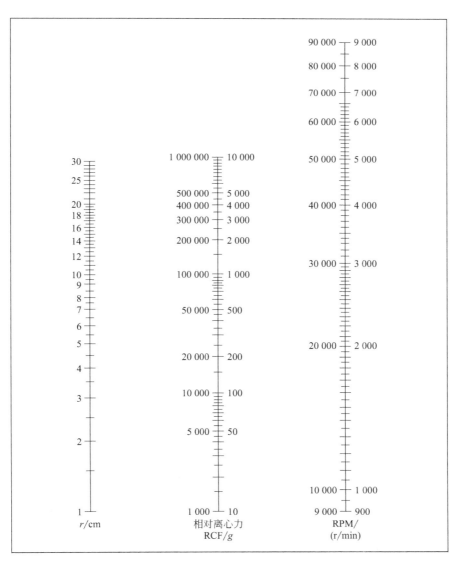

附录 10　硫酸铵溶液饱和度计算表（25℃）

在 25℃硫酸铵终浓度/%饱和度																	
	10	20	25	30	33	35	40	45	50	55	60	65	70	75	80	90	100
每 1000mL 溶液加固体硫酸铵的质量/g																	
0	56	114	144	176	196	209	243	277	313	351	390	430	472	516	561	662	767
10		57	86	118	137	150	183	216	251	288	326	365	406	449	494	592	694
20			29	59	78	91	123	155	189	225	262	300	340	382	424	520	619
25				30	49	61	93	125	158	193	230	267	307	348	390	485	583
30					19	30	62	94	127	162	198	235	273	314	356	449	546
33						12	43	74	107	142	177	214	252	292	333	426	522
35							31	63	94	129	164	200	238	278	319	411	506
40								31	63	97	132	168	205	245	285	375	469
45									32	65	99	134	171	210	250	339	431
50										33	66	101	137	176	214	302	392
55											33	67	103	141	179	264	353
60												34	69	105	143	227	314
65													34	70	107	190	275
70														35	72	153	237
75															36	115	198
80																77	157
90																	79

（左侧纵列标题：硫酸铵初浓度/%饱和度）

附录 11　细胞化学组织技术介绍

组织化学是在组织切片上或被检材料上，加一试剂使它与组织或细胞中待检物质发生化学反应成为有色沉淀物，用光镜检查，若为重金属沉淀，可用电镜观察，称电镜组织化学。这种方法可应用于检测细胞内的酶类、糖类、脂类、核酸与某些重金属元素等。如进一步应用显微分光光度计等测定标本中沉淀的强度，则能较精确地进行定量研究。

1. 糖类显示法

最常用的显示方法是 Periodic acid-Schiff 反应。

基本原理是：糖被强氧化剂过碘酸氧化后，形成 2-醛基；后者与 Schiff 试剂中的无色品红亚硫酸钠复合物结合，形成紫红色反应产物，该反应阳性部位即表示多糖的存在。

2. 酶类显示法

酶类显示法是通过显示酶本身的活性来表明酶的存在，而不是酶本身。将具有酶活性的组织放入含有一定底物的溶液中孵育，底物经酶的作用形成初级反应产物，它再与某种捕捉剂反应。

3. 脂类显示

脂类物质包括脂肪与类脂。标本可用甲醛固定，冷冻切片，用油红、苏丹Ⅲ、苏丹Ⅳ、苏丹黑B、尼罗蓝等脂溶性染料染色；亦可用锇酸固定兼染色。

4. 核酸显示法

显示DNA的传统方法为Feulgen反应。切片DNA经弱酸（1mol/L HCl）水解，其上的嘌呤碱基和脱氧核糖之间的键打开，使脱氧核糖的一端形成游离的醛基，这些醛基在原位与Schiff试剂（无色品红亚硫酸钠溶液）反应，形成紫红色的化合物，使细胞内含有DNA的部位呈紫红色阳性反应。紫红色的产生，是由于反应产物的分子内含有醌基，醌基是发色团，因此具有颜色。如用甲基绿-派若宁反应，可同时显示细胞内的DNA和RNA。甲基绿与细胞核中的DNA结合呈蓝绿色，派若宁与核仁及胞质内的RNA结合呈红色。

附录 12　常见的植物激素配制方法

各类激素用量较小，为了方便和准确，常配制成母液。母液浓度可依需要和习惯灵活确定，但注意各激素均不能直接用蒸馏水溶解，而用各种不同溶剂先溶解后再用蒸馏水定容。例如 2,4-D 母液配制：称取 40mg 2,4-D，用少量 95％酒精或 1mmol/L NaOH 溶解后，再用蒸馏水定容至 200mL，此时，该激素母液浓度为 0.2mg/mL。其他常见激素配制方法如附表 12-1，供参考。

附表 12-1　常见激素配制

中文名	英文名	缩写	溶剂	液体试剂的储存
脱落酸	abscisic acid	ABA	NaOH	0℃,现用现配
腺嘌呤	adenine	ADE	H₂O	0~5℃
6-苄基氨基嘌呤	6-benzylaminopurine	BA(6-BA)	HCl/NaOH	常温,2个月
油菜素内酯	brassionolide	BL(BR)	乙醇	0~5℃
2,4-二氯苯氧乙酸	2,4-epibrassinolide	24-Epi-BL(24-Epi-BR)	乙醇	0~5℃
矮壮素	chlorocholine chloride	CCC	H₂O	常温
2,4-二氯苯氧乙酸	2,4-dichlorophenoxyacetic acid	2,4-D	NaOH	常温,3个月
2-异戊烯腺嘌呤	2-isopentenyl adenine	2-iP	HCl/NaOH	0℃
赤霉酸(素)	gibberellin(gibberellic acid)	GA	乙醇	0℃,现用现配
吲哚乙酸	indole-3-acetic acid	IAA	乙醇/NaOH	0℃,1周
吲哚丁酸	indole-3-butyric acid	IBA	乙醇/NaOH	0℃,1周
茉莉酸	jasmonic acid	JA	乙醇	常温
激动素	kinetin	KIN(KT)	HCl/NaOH	0℃,2个月
萘乙酸	α-naphthaleneacetic acid	NAA	NaOH	0~5℃,1周
玉米素	zeatin	ZEA(ZT)	NaOH	0℃
生物素	biotin		NaOH	0℃

续表

中文名	英文名	缩写	溶剂	液体试剂的储存
秋水仙碱（素）	colchicine		H_2O	0℃
叶酸	folic acid		NaOH	0~5℃
MS 维生素母液			H_2O	0~5℃，1 个月
维生素 A			乙醇	0℃
维生素 D			乙醇	0℃
维生素 B			乙醇	0℃

注：资料来源于中国科学院上海植物生理研究所．现代植物生理学实验指南．北京：科学出版社，1999.

附录 13　原代细胞的培养方法

1. 组织块培养法（附图 13-1）

（1）取材，将组织剪成或切成 $1mm^3$ 大小的小块，并加入少许培养基使组织湿润。

（2）将小块均匀涂布于瓶壁，每小块间距 0.2~0.5cm，一般在 25mL 培养瓶（底面积为 $17.5cm^2$）接种 20~30 小块为宜，小块放置后，轻轻翻转培养瓶，使瓶底朝上，然后于瓶内加入适量培养基，盖好瓶塞，将瓶倾斜放置在 37℃温箱内。

（3）培养 2~4h，待小块贴附后，将培养瓶缓慢翻转平放，静置培养，动作要轻，严禁摇动和来回振荡，以防由于震动而使小块漂起而造成培养失败。若组织块不易贴壁可预先在瓶壁涂一薄层血清、胎汁或鼠尾胶原等。开始培养时培养基不宜多，以保持组织块湿润即可，培养 24h 后再补液。培养初期移动和观察时要轻拿轻放，开始几天尽量不去搬

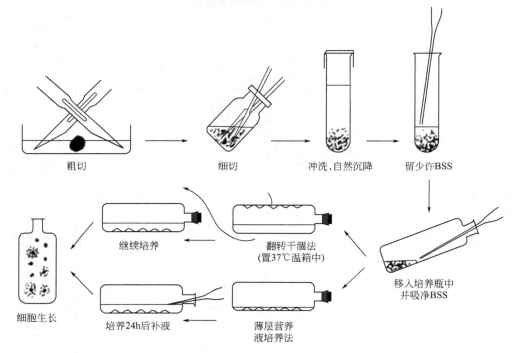

粗切　　　　细切　　　冲洗,自然沉降　　　留少许BSS

继续培养　　翻转干涸法（置37℃温箱中）　　移入培养瓶中并吸净BSS

细胞生长　　培养24h后补液　　薄层营养液培养法

附图 13-1　组织块初代培养法

动，以利贴壁和生长。培养 3～5 天时可换液，一方面补充营养，一方面去除代谢产物和漂浮小块所产生的毒性作用。

2. 消化培养法（附图 13-2）

该方法是采用消化分散法，将妨碍细胞生长的细胞间质（包括基质、纤维等）去除，使细胞分散形成细胞悬液，然后分瓶培养。

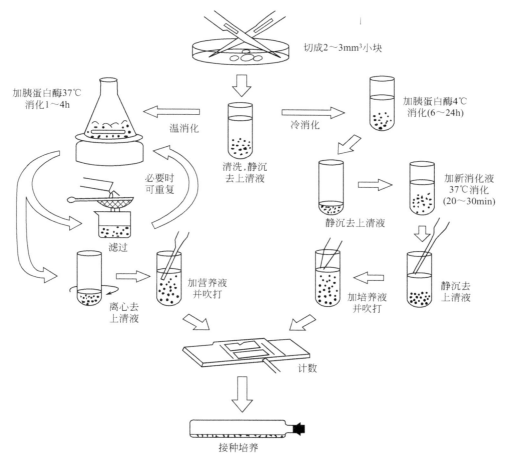

附图 13-2　消化初代培养法基本步骤

3. 悬浮细胞培养法

对于悬浮生长的细胞，如白血病细胞、淋巴细胞、骨髓细胞、胸水和腹水中的癌细胞及免疫细胞无需消化，可采用低速离心分离，直接培养，或经淋巴细胞分层液分离后接种培养。

附录 14　农杆菌 Ti 质粒结构和功能介绍

农杆菌 Ti 质粒分为 4 个功能区域（附图 14-1）。

转移 DNA 区（transferred-DNA regions，T-DNA 区）：是农杆菌浸染植物细胞时，从 Ti 质粒上切割下来转移到植物细胞的一段 DNA，故称之为转移 DNA。该 DNA 片段上

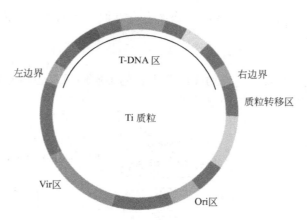

附图 14-1 Ti 质粒的结构示意图

的基因与肿瘤的形成有关。

Vir 区（virulance region）：该区段的基因能够激活 T-DNA 转移，使农杆菌表现出毒性，故称之为毒性区。T-DNA 区和 Vir 区在质粒 DNA 上彼此相邻，合起来约占 Ti 质粒的三分之一。

质粒转移区（plasmid transfer）：又叫 Con 区（regions encoding conjugations），该区段上存在着与细菌间结合转移的有关基因（*tra*），调控 Ti 质粒在农杆菌之间的转移。冠瘿瘤碱能激活 *tra* 基因，诱导 Ti 质粒转移，因此称之为结合转移编码区。

Ori 区（origin of replication）：该区段基因调控 Ti 质粒的自我复制，故称之为复制起始区。

T-DNA 导入植物基因组的过程大致步骤如下。

1. 农杆菌对受体的识别：菌株对植物细胞所释放的化学物质产生趋向性。

2. 农杆菌附着到受体细胞：创伤部位生存了 8～16h（细胞调节期）的菌株才能诱发肿瘤。期间，农杆菌产生纤丝将自身缚附在植物细胞壁表面。

3. 诱导和启动毒性区基因表达：把植物受伤细胞提取液加入培养基，Vir 区基因均被诱导和活化。

4. 类似接合孔复合体的合成和装配。

5. T-DNA 的加工和转运。

6. T-DNA 的整合。

附录 15 流式细胞术所用到的解离液及其配方

附表 15-1 常用解离液种类及配方

解离液	配方	测定的植物实例
Otto's	OTTO Ⅰ：100mmol/L 柠檬酸，0.5%（体积分数）Tween20，pH2.0～3.0，4℃下保存	沙棘属[①]，毛茛科
	OTTO Ⅱ：400mmol/L $Na_2HPO_4 \cdot 12H_2O$，pH8.9，常温下保存	
	解离液：Ⅰ：Ⅱ=2∶1，弃上清液后加 OTTO Ⅰ	

续表

解离液	配　　方	测定的植物实例
LB01	15mmol/L Tris，2mmol/L EDTA-Na$_2$，0.5mmol/L 四盐酸精胺，80mmol/L KCl，20mmol/L NaCl，0.1%（体积分数）TritonX-100，15mmol/L β-巯基乙醇，pH7.0～8.0，−20℃保存，用时解冻，解冻后4℃保存	蚕豆、山药、罗勒属、欧洲云杉、茄子、番茄
Tris·MgCl$_2$	200mmol/L Tris，4mmol/L MgCl$_2$·6H$_2$O，0.5%（体积分数）TritonX-100，pH7.5，4℃保存	矢车菊、欧洲朴树
Galbraith's	45mmol/L MgCl$_2$，30mmol/L 柠檬酸钠，20mmol/L MOPS，0.1%（体积分数）TritonX-100，pH7.0，−20℃保存，解冻后4℃保存	松属、番茄
mG	45mmol/L MgCl$_2$，20mmol/L MOPS，30mmol/L 柠檬酸钠，1%（质量/体积）PVP-40，0.2%（体积分数）TritonX-100，10mmol/L EDTA-Na$_2$，20μL/mL β-巯基乙醇，pH7.0，−20℃保存，解冻后4℃保存	千里光属[1]、拟南芥[1]
GPB	0.5mmol/L 四盐酸精胺，30mmol/L 柠檬酸钠，20mmol/L MOPS，80mmol/L KCl，20mmol/L NaCl，0.5%（体积分数）Triton X-100，pH7.0，4℃保存	胡杨[1]、灰叶胡杨[1]、虎榛子属[1]、豌豆、马鞍藤、葱属
WPB	0.2mol/L Tris·HCl，4mmol/L MgCl$_2$·6H$_2$O，2mmol/L EDTA-Na$_2$·2H$_2$O，86mmol/L NaCl，10mmol/L 焦亚硫酸钠，1% PVP-10，1%（体积分数）Triton X-100，pH7.5，4℃保存	虞美人、意大利松、欧洲李、桃、矮生西洋梨、夏栎、蔷薇属、葡萄、垂柳

① 已成功测定。

附表 15-2　常用解离液成分及其作用

成　分	作　　用	注　释
Mg^{2+}	稳定核染色质	MgCl$_2$，MgSO$_4$
四盐酸精胺	稳定核染色质	精胺
KCl，NaCl	提供一定的离子强度，维持渗透压	无机盐
TritonX-100，Tween20	释放核，移走细胞质，分散叶绿体，减少核粘连	表面活性剂
EDTA-Na$_2$	结合作为核酸酶辅助因子的二价阳离子，从而抑制核酸酶的活性	金属螯合剂
柠檬酸钠		金属螯合剂温和替代品
葡萄糖	维持核的完整性，防止核粘连	
Tris	维持核的完整性，防止核粘连，稳定溶液的pH	三羟甲基氨基甲烷
MOPS	稳定溶液的pH	3-(N-吗啉)乙磺酸
HEPES	稳定溶液的pH	4-羟乙基哌嗪乙磺酸
PVP	消除酚类等黏性物质	聚乙烯醇吡咯烷酮
β-巯基乙醇，偏亚硫酸氢盐，二硫苏糖醇	保护染色质蛋白，抵消酚类混合物对DNA染色的影响	还原剂

附录 16　细胞生物学实验技能竞赛试题及参考评分细则

大学生细胞生物学实验技能竞赛试题

姓名：＿＿＿＿＿＿学号＿＿＿＿＿＿专业＿＿＿＿＿＿考试编号＿＿＿＿＿＿

考试说明：

1. 本部分竞赛内容包括 2 个实验内容，总时间为 6～7 小时；

2. 试卷共分 5 页；

3. 两个实验的总分为 100 分；每一实验各占 50 分，其成绩合成由操作部分和绘图部分组成，操作部分成绩占 40 分，绘图部分占 10 分；

4. 实验结果观察时，由学生本人调节显微镜到最清晰的状态，由监考老师评分；

5. 考试结束时完成细胞结构图的绘制，并交给监考老师，试卷不得带离考场；

6. 绘图和细胞结构标注请用铅笔绘制，只需画清楚其中一个细胞的相关结构，不需要绘制更多的细胞；

7. 请按照监考老师的指示开始实验，未按要求擅自进行，不计成绩。

实验名称一　 DNA 的孚尔根（Feulgen）核反应染色法

一、实验目的与要求

掌握细胞中鉴别 DNA 分布的孚尔根反应染色方法，熟练用显微镜观察染色结果并用铅笔绘制观察的结果，并注明各细胞组分结构。

DNA 是主要的遗传物质，集中于染色体上。DNA 经弱酸（1mol/L HCl）水解，其上的嘌呤碱和脱氧核糖之间的键打开，使脱氧核糖的一端形成游离的醛基，这些醛基在原位与 Schiff 试剂（无色品红亚硫酸钠溶液）反应，形成紫红色的化合物，使细胞内含有 DNA 的部分呈紫红色阳性反应。

二、实验器材、药品清单

材料：卡诺固定液固定的大蒜根尖（由老师准备）。

仪器和器材：显微镜；镊子；刀片；载玻片；盖玻片和滤纸条。

试剂：1mol/L HCl；Schiff 试剂；亚硫酸水溶液；0.5% 固绿酒精溶液。

三、方法与步骤

1. 将根尖置于青霉素小瓶中准备水解；用清水洗三次，换 1mol/L HCl 洗一次，倾去。

2. 换入预热 60℃ 的 1mol/L HCl 3mL，放入恒温水浴锅中在 60℃ ± 0.5℃ 下水解 10min。

3. 然后吸去热 1mol/L HCl，换入冷 1mol/L HCl 洗一次，再用清水将根尖洗三次。

4. 吸净水分，加入 Schiff 试剂避光染色 30min，然后用亚硫酸水溶液漂洗 2～3 次，经水洗后准备压片。

【注意】此步骤应小心操作，Schiff 试剂会将你的手染红！！

5. 将根尖置于载玻片上，用刀片或镊子操作只留下根尖尖端染成紫红色的部分，用解剖针或镊子将组织块敲碎，盖上盖玻片，用铅笔的橡皮头部轻轻压盖玻片，使根尖细胞分散，切勿移动玻片。

6. 在盖玻片一侧加一滴 0.1% 固绿水溶液染 1min，然后用滤纸条从盖玻片另一侧吸去固绿液，然后用清水洗一次。

【注意】在这一步要快，以免过染！！

7. 在显微镜下观察你所看到的实验结果，并用铅笔绘图。

四、结果与分析

　　用铅笔绘图标注你所观察到的各细胞结构，至少要标明细胞质、细胞核和核仁结构。

　　你所看到的细胞核呈_____色，核仁呈_____色，细胞质呈_____色。实验结果中有没有看到染色体结构，如果有，该染色体处于细胞周期的_____时期。

【注意】 如有的话，需指明给监考教师看。

细胞绘图区

五、注意事项：1. 注意显微镜的正确使用和操作；2. 注意绘图的规范性。

实验名称二　植物细胞骨架的光学显微镜观察

一、实验目的与要求

掌握用光学显微镜观察植物细胞骨架的原理及方法，观察光学显微镜下细胞骨架的网状结构。

细胞骨架是真核生物细胞中的重要结构，起细胞支架的作用，并参与胞内物质运输、细胞运动、分泌吸收、细胞通信、有丝分裂等。由于与细胞各项功能的密切关系，细胞骨架的研究已成为当今细胞生物学中较具吸引力的领域之一。对细胞骨架的研究须先对其进行观察。本实验以洋葱鳞茎内表皮细胞为材料对细胞骨架进行观察研究，基本原理是细胞内脂质和大部分蛋白质可与去垢剂 TritonX-100 形成去垢剂-蛋白/脂质复合物，从而溶于水中被提取，而结合成纤维状的细胞骨架蛋白则保持其在生活细胞中存在的状态，之后用考马斯亮蓝对蛋白质染色，使骨架系统在光学显微镜下可见，从而对其进行观察研究。

二、实验器材、药品清单

材料：新鲜洋葱鳞茎，撕取内表皮，切成约 $0.5cm \times 0.5cm$ 大小。

仪器和器材：显微镜、镊子、刀片、载玻片、盖玻片、滤纸条、玻璃滴管、载玻片和小培养皿等。

试剂：

1. 0.2%考马斯亮蓝 R250 染色液：称取考马斯亮蓝 R250 1g，溶于 250mL 无水乙醇中，加冰醋酸 35mL，再加蒸馏水至 500mL。

2. 磷酸盐缓冲液（pH6.8）：6.0mmol/L 磷酸盐缓冲液，调至 pH6.8。

3. M 缓冲液（pH7.2）：50mmol/L 咪唑，50mmol/L 氯化钾，0.5mmol/L 氯化镁，1mmol/L 乙二醇（α-氨基乙基）醚四乙酸，0.1mmol/L 乙二胺四乙酸，1mmol/L 巯基乙醇，调至 pH7.2。

4. 1% Triton X-100：用 M 缓冲液配制。

5. 3%戊二醛：用磷酸盐缓冲液配制。

三、方法与步骤

1. 用镊子撕取洋葱鳞茎内表皮约 $1cm^2$ 大小若干片，置于小平皿中，加入 pH6.8 磷酸盐缓冲液，使其下沉，如果难以下沉，可用镊子夹住往下压沉，在溶液中浸没 5min。

2. 吸去磷酸盐缓冲液，用 1%Triton X-100 处理 20min。

3. 吸去 Triton X-100，用 M 缓冲液洗 3 次，每次 5min。

4. 用 3%戊二醛固定 30min。

5. 磷酸盐缓冲液（pH6.8）洗 3 次，每次 5min。

6. 0.2%考马斯亮蓝 R250 染色 20min。

7. 蒸馏水洗 2 次，然后将样品置于载玻片上，加盖玻片，于普通光学显微镜下观察，并用铅笔绘制观察到的细胞骨架结构。

四、结果与分析

　　用铅笔绘图标注你所观察到的各细胞结构。

细胞绘图区

五、注意事项：1. 注意显微镜的正确使用和操作；2. 注意绘图的规范性。

细胞生物学实验技能竞赛参考评分细则

实验名称一　　DNA 的孚尔根（Feulgen）核反应染色法（50 分）						
	竞赛学生编号/得分					
正确规范使用仪器和药品（10 分）	1	2	3	4	5	6
1. 根尖是否保留（1 分）；						
2. 根尖是否被染成紫红色（2 分）；						
3. Schiff 试剂有无染色在手上（2 分）；						
4. 固绿是否过染（2 分）；						
5. 显微镜操作是否熟练（3 分）。						
正确操作过程（15 分）						
1. 取放根尖、水解是否熟练（3 分）；						
2. 水解时是否发生青霉素小瓶倾覆（2 分）；						
3. 制片是否熟练，是否严格按照步骤操作（3 分）；						
4. 是否充分将压片中的细胞分散开（2 分）；						
5. 图像调节是否清晰（3 分）；						
6. 光线是否恰当（2 分）。						
取得正确的实验数据（15 分）						
1. 细胞分散是否均匀（2 分）；						
2. 细胞核、核仁、细胞质的颜色是否不同（3 分）；						
3. 是否观察到染色体（3 分）；						
4. 是否正确判断染色体处于什么时期（3 分）；						
5. 对学生实验的整体评价（4 分）。						
正确记录、处理数据和描述实验结果（10 分）						
1. 是否用铅笔画图（1 分）；						
2. 画图线条是否粗细一致（1 分）；						
3. 点是否垂直向下垂直打（1 分）；						
4. 细胞结构有无正确标注（4 分）；						
5. 细胞结构的颜色是否注明（3 分）。						
总　分						

后 记

图书编写犹如盖房。盖房前需要设计图纸，准备砖、瓦、水泥，还要请工人来做工。《图解细胞生物学实验教程》的出版也是如此。在该书成书前的3～4年，我们细胞生物学教学和科研团队的成员就有了编写图解类教材的想法，然后围绕这样的想法，在实验教学中我们注意素材的收集，如实验讲义的编写和整理、实验图片的拍照等。平时就写一点，日积月累，逐步完善。在图书呈现雏形之际，我们又围绕教材的一些细节进行修改。犹如房子盖好后还要进行粉刷、装修等。我们把书稿打印出来，团队的每个成员各负责一部分，进行认真的校对和批注。从标点符号、字体空格、行间距乃至图片完善、参考文献的求证等，每个成员都很辛苦地贡献着自己的心血。在此向每个成员致以衷心感谢。

教材的编写选取了本科生的基础实验，同时选编了大学生进行创新课题研究的成果和部分研究生的研究成果，目的是为有效地提高学生的实验技能提供指导。的确，学生实验技能的提高是一个循序渐进的过程，我们在组织的实验技能竞赛（附录16）中就发现这一点。平常做过的实验，按照竞赛的标准再来做一遍，学生还是手忙脚乱，漏洞百出。这说明学生的动手能力和实验技巧还没有内化为一种素质和能力，还有很大的提升空间。我们很辛苦地进行书稿的认真校对，目的和用意也在于此，希望以一本完善和合理的教材来指导学生的实验和科研创新实践。在此特别感谢为实现这一目标的刘江东博士（武汉大学）、何玉池博士（湖北大学），他们为书稿的完善提出了独到的见解和建议，甚至贡献了部分实验结果。同时还要感谢华南师范大学的李玲教授认真审阅了书稿，提出了修改建议和自己的看法、评论，在此衷心感谢。还要感谢化学工业出版社的编辑，为文稿的最后完善和完美所做的编辑以及艺术化、美观化处理所付出的辛勤工作，使这一书稿能够最终顺利出版。

最后感谢武汉大学的孙蒙祥教授、中南民族大学的刘学群教授。他们建议图解类的教材还要在细节上下工夫。他们建议实验过程的每一步骤、每一个动作、仪器操作都要配备图片。这是更高层次的趋于完善和完美的要求，我们吸取这些建议，希望教材再版时实现这一目标。在图书出版之时，我们很欣慰地看到我们终于有了目前这个房子！

本教材建设纳入"十二五"国家级实验教学示范中心中南民族大学民族药学实验教学中心实验教材建设项目规划，作者在此深表感谢。"思维能力是智力的核心"，愿本教材的出版，在指导实验教学中学以致用，为培养学生科研创新思维和创造能力贡献应有之力。

编 者
2012 年 12 月